智能变电站
二次系统建模与运维测试技术

刘清泉　主　编

李铁成　王献志　郭少飞　张卫明　副主编

中国电力出版社
CHINA ELECTRIC POWER PRESS

图书在版编目（CIP）数据

智能变电站二次系统建模与运维测试技术 / 刘清泉主编. —北京：中国电力出版社，2023.4
ISBN 978-7-5198-7330-1

Ⅰ. ①智… Ⅱ. ①刘… Ⅲ. ①智能系统–变电所–二次系统–系统建模②智能系统–变电所–二次系统–电力系统运行 Ⅳ. ①TM63

中国版本图书馆 CIP 数据核字（2022）第 241628 号

出版发行：中国电力出版社
地　　址：北京市东城区北京站西街 19 号（邮政编码 100005）
网　　址：http://www.cepp.sgcc.com.cn
责任编辑：刘红强
责任校对：黄　蓓　王海南
装帧设计：赵姗姗
责任印制：钱兴根

印　　刷：三河市航远印刷有限公司
版　　次：2023 年 4 月第一版
印　　次：2023 年 4 月北京第一次印刷
开　　本：710 毫米×1000 毫米　16 开本
印　　张：12.25
字　　数：218 千字
定　　价：45.00 元

　　"双碳"目标下，国家电网公司提出了加强电网规划设计、建设施工、运维检修各环节绿色低碳技术研发，推动能源领域数字经济快速发展的要求。变电站二次系统作为电网运行的核心业务，在不断强化专业管理质效、提高技术装备水平、提升安全生产保障能力的同时，在设备标准化与信息规范、数据共享与高效处理、业务支撑与综合应用等方面，也取得了一定实效，电网运行状态感知能力显著提升，单一应用平台化运行经验丰富，电网运行安全得到大幅提升。

　　但与此同时，变电站二次系统基础模型单一与业务应用多样化的不匹配，信息感知范围与设备状态监测手段不契合，现场作业模式传统化与飞速发展的新技术大幅脱节等问题也逐渐凸显，成为电网质效提升的阻碍，亟须通过底层技术革新推动顶层业务发展，提升智能变电站二次系统在新形势下全过程、全环节建设和运维数字化、智能化水平。

　　本书在已有的智能变电站运维技术基础之上，开展变电站二次系统物理回路通用建模及大数据应用研究，阐述了变电站二次系统物理模型以及配置技术；建设基于通用模型的数字化智能感知与诊断系统，能够实现多源数据交互共享与智能化应用；研究人工智能与变电运维业务全过程融合技术，深度推进验收、运维、检修全过程精益化管理，构建以信息化装备、自动化巡视、智能化检修为特征的智能运行检修体系，有效提升大电网运行安全质量和保障效率，推动电网二次业务向感知能力更强、数据挖掘更深、应用分析更准、价值服务更优的方向发展。

　　本书作为一本智能变电站二次系统技术及应用方面的书籍，对智能变电站的技术发展进行充分的调研，查阅了大量的文献资料，总结了相关研究工作成果，具有一定的特色：一是对世界及我国变电站的技术发展进行了详细的介绍，并对二次系统模型进行具体阐述；二是从不同维度介绍了智能变电站的二次系统模型的类型，并对其配置方法进行技术介绍；三是以变电站实际现场需求为导向，结合最新科技技术发展，创建二次专业运维新模式；四是针对变电站安全作业介绍了自动测试和安全保障技术。本书可供从事智能变电站技术管理、工程调试、运维检修的工程技术人员学习和培训使用，也可供高校、科研单位和制造厂商的相关技术专业人员参考。

本书共分为八章，其中第一章、第二章和第三章由刘清泉、李铁成编写；第四章、第五章由王献志、郭少飞编写；第六章由张卫明、李泽编写；第七章由郝晓光、赵宇皓编写；第八章由张兵海、刘世岩、王心蕊编写。全书由刘清泉统稿。

本书在编写过程中得到范辉、任江波等专家的指导，并参考了国内许多同行的优秀论文、资料，在此向诸位致以由衷的谢意！

本书即将出版之际，谨对所有参与和支持本书编写、出版工作的各位专家、各方人士表示敬意，希望广大电网工作者加强学习、努力工作，为新型电力系统建设做出新的贡献。

由于时间仓促，加之作者水平有限，书中难免会有纰漏和不足之处，恳请各位专家同仁和读者批评指正。

编者

2022 年 8 月

前言

第一章

概　　述

第一节　智能变电站特点与技术发展

一、智能变电站概念及技术特点

（一）智能变电站概念

变电站作为电力系统中不可缺少的重要环节，担负着电能量转换和电能重新分配的重要任务，对电网的安全和经济运行起着举足轻重的作用。智能变电站作为新型电力系统重要组成部分，在传统数字化变电站的基础上进行了巨大的技术变革，并随着能源形势的发展不断融合新技术，从网络构架、信息传输、设备功能、应用模式等方面进一步升级迭代。

按照国家电网有限公司（简称国家电网）企业标准《Q/GDW 383—2009 智能变电站技术导则》定义，智能变电站是采用先进、可靠、集成、低碳、环保的智能设备，以全站信息数字化、通信平台网络化、信息共享标准化为基本要求，自动完成信息采集、测量、控制、保护、计量和监测等基本功能，并根据需要支撑电网实时自动控制、智能调节、在线分析决策、协同互动等高级功能的变电站，是实现与相邻变电站、电网调度等互动的变电站。

近年来随着信息技术的不断发展，在智能变电站原有功能的基础之上，采用先进传感技术对设备状态参量、消防安全、环境、动力等进行全面采集，充分应用现代信息技术，形成了状态全面感知、信息互联共享、人机友好交互、设备诊断高度智能、运检效率大幅提升的智慧变电站，即第三代智能变电站。2019 年国家电网发布了 7 个智慧变电站建设试点项目，如图 1-1 所示，充分打造前沿技术在变电站中最广泛的融合模式，更加突出本质安全、先进实用、面向一线、运检高效。

序号	新建智慧变电站工程项目
1	国网河北电力保定供电公司110kV定县老旧设备改造工程
2	国网河南电力潢川县供电公司35kV杨围孜变电站综合改造
3	国网湖北电力孝感供电公司110kV金马变电站综合改造
4	国网江苏检修分公司常州220kV潘湖变电站老旧改造
5	国网湖南电力衡阳供电公司110kV狮子山变电站断路器等设备智能化改造
6	国网金华110kV站前变电站110kV及10kV配电装置智慧化改造
7	国网山东电力商河供电公司110kV商西站主变压器等设备综合改造工程

图1-1　国家电网首批智慧变电站工程

智慧变电站与智能变电站在系统结构上一致，都是基于电力系统自动化领域通用标准（即IEC61850标准），采用"三层两网"的结构，其中"三层"指过程层、间隔层和站控层，"两网"指站控层网络和过程层网络，如图1-2所示。

过程层设备包括了电压/电流互感器、合并单元、智能终端等与一次设备相关联的设备，用于实现变电站二次设备模拟量采样、开关量输入和输出、操作命令的发送和执行等相关功能。

间隔层设备包括了线组保护装置、母线保护装置、安控装置、PMU、故障录波装置、保护设备在线监视与诊断装置、网络报文记录与分析装置等。间隔层设备处于过程层和站控层之间，收集对应间隔过程层设备发送的实时数据信息，通过网络传输给站控层设备，同时接受站控层设备发送的指令，实现实时运行数据和操作命令的上传下达。

站控层设备包括监控主机、五防主机、PMU集中器、网络安全监测装置、保信子站、电能量采集终端、辅控网关、综合应用服务器、操作员站、工程师工作站和计划管理终端等。站控层设备提供变电站设备运行的人机交互界面，完成对间隔层和过程层设备数据的统计、分析和管理，实现全站设备的监视、控制、预警，并实现与上级调度中心的信息交互。

站控层网络包括站控层中心交换机和间隔交换机，全部采用光纤连接成物理网络，从而实现站控层设备和间隔层设备之间的信息交互。其中，站控层中心交换机连接数据通信网关机、监控主机、综合应用服务器、数据服务器等设备，间隔交换机连接间隔内的保护、测控和其他智能电子设备。站控层网络包括MMS、GOOSE、SNTP等多种数据传输规约共网运行，实现全站数据传输的数字化、网络化和共享化。

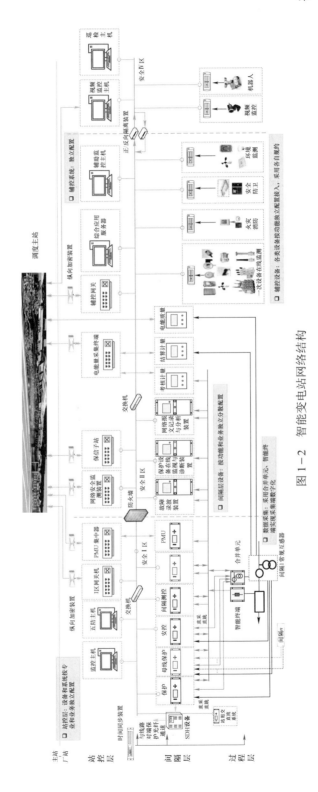

图 1-2　智能变电站网络结构

　　过程层网络连接过程层和间隔层设备，实现过程层设备和间隔层设备之间的数据传输，相较于站控层网络，过程层网络对信息传输的实时性和报文处理能力要求更高。过程层网络包括 GOOSE 网和 SV 网，其中，GOOSE 网用于间隔层和过程层设备之间的状态与控制数据交换；SV 网用于间隔层和过程层设备之间的采样值传输，考虑到网络流量、传输延时，在满足设备安全可靠的前提下，采用电缆连接，且采用点对点"直采直跳"的方式。

（二）智能变电站技术特点

1. 一次设备智能化

　　智能变电站一次设备智能化主要体现在全数字输出的电子互感器（电磁式互感器加合并单元）、智能断路器（智能终端与断路器）以及一次设备智能检测装置。目前，智能变电站安装合并单元和智能终端进行就地采样和控制，实现一次设备的测量数字化，提升电网动态观测、提高继电保护可靠性；通过对各类状态监测的集成，采用标准化数据接口，实现状态监测、测控保护、信息通信的多源融合，进而提高一次设备的管理水平，延长设备使用寿命。

2. 二次设备集成化

　　采样控制的就地化及信息传输网络化，使得二次设备结构更加简化和紧凑，进一步促进了装置的集成。打破传统变电站中监视、控制、保护、故障录波、量测与计量等功能单一、相互独立的装置模式，例如，保护测控一体化装置、合并单元智能终端一体化装置、"四合一"的智能录波器的应用，在减少二次设备数量的同时，也规范和简化了设备接口。智能变电站对一、二次设备统一建模，采用虚端子的概念，取代了传统的端子和端子排的硬接线，通过少量的光口和光纤实现虚端子之间的信息交互。另外保护功能投退、跳闸出口硬压板被软压板替代，促进了二次设备装置硬件的简化。

3. 通信规约标准化

　　智能变电站采用 IEC 61850 标准进行信息建模，实现工程运作标准化、设备间互操作和无缝连接。各类设备按照统一的通信标准接入变电站通信网络，实现信息共享，避免各类设备通信类型的不统一，重复投资。智能变电站的工程实施变得规范、统一和透明。任意一个系统集成商所建立的变电站工程都可以通过 SCD 文件掌握和了解整个变电站结构和配置，为变电站内各种信息的整合和共享奠定了基础。另外，IEC 61850 标准同样延伸到新能源发电领域，有效解决了新能源发电与电网的信息交互问题。在配电网领域采用 IEC 61850 标准可以为"需求侧管理、智能家居、分布式控制"等信息模型的建立提供借鉴，推动智慧配网的技术发展和进步。

4. 网络通信光缆化

传统变电站一次设备与二次设备之间、二次设备之间大量采用电缆来连接,长电缆电容耦合干扰以及二次回路两点接地可能造成继电保护误动作,电缆的感应电磁干扰和一次设备过电压也可能引起二次设备运行异常。智能变电站增加了过程层网络,采用合并单元、智能终端实现就地采集控制,通过光缆取代原有的大量的电缆,有效避免了电缆带来的电磁干扰、过电压等问题,提升了信号传输的可靠性,缩小电缆沟尺寸,节约土地,在建设过程中大幅减少施工工作量。

5. 运维管理智能化

(1)一体化监控系统:按照信息数字化、通信网络化、信息标准化的要求,通过系统集成优化,实现全站信息统一接入、统一存储和统一展示,实现运行监视、操作与控制、信息综合分析等应用功能。

(2)可视化全景展示:通过可视化建模和渲染技术,采用数模一体化技术,实现变电站设备运行状态、设备故障、SCD 文件、光纤电缆回路、虚实回路的图像化展示,为调试人员、运行人员和检修人员提供更加直观、形象、具体的工作方式。

(3)故障诊断与预警:利用多维信息对装置硬件及二次回路状态进行评估,从而实现装置硬件和二次回路异常的故障定位,并能实现隐性故障辨识预警、二次系统异常状态推演、故障和异常信息推送,从而指导运维人员故障处置和制订经济有效的检修策略。

(4)标准化与即插即用:继电保护采用"九统一"装置,通用二次设备、通用设计成果推广应用。通过建立完善标准规范体系,达到设备、系统在软硬件结构上实现通信标准化、接口标准化、功能标准化描述,从而进一步实现故障处理的简单化和标准化,大幅减轻工作人员负担。

二、自主可控新一代变电站二次系统

(一)自主可控新一代变电站建设背景

自 2019 年 11 月初开始,国家电网开展二次系统优化方案工作。以"自主可控、安全可靠、先进适用、集约高效"为总体原则,继承和发展现有智能变电站设计、建设及运行等成果经验,全面开展自主可控新一代变电站二次系统建设。开展二次系统优化方案工作的目的在于解决目前智能变电站存在的一系列问题,主要表现在以下四方面。

1. 功能保障尚不全面

一是设备监控覆盖有限:消防,安防,在线监测,交、直流等与变电站安全运行密切相关的信息未实现有效监控,难以满足设备精益管理要求。二是远方监控信息不足：运维班（集控站）无法实现开关储能机构频繁打压、油温异常升高等设备状态异常信息监控，难以满足设备监控细度要求。三是设备数据利用不够：设备运行、故障、缺陷、检修等数据缺乏统一规划，分析挖掘深度不够，难以满足设备主人工作要求。

2. 系统配置亟须提升

一是数据采集方式不统一：技术路线不一致，不适应数字化发展方向。二是网络结构有待简化：过程层网络复杂，SCD 文件耦合紧密，运行风险大。三是设备功能交叉重复：同类设备重复配置，数据共享不足，造成资源浪费。四是数据规划有待整合：就地与远方应用功能定位不清晰，造成不必要的数据传输与存储。

3. 安全防御能力不足

一是设备防御能力不足：无线接入设备存在非法接入或是数据安全风险。二是安全监测存在盲区：站内辅助设备的网络安全监测手段不足。三是安全配置不合要求：存在已知安全漏洞、非必要端口等安全问题。

4. 自主可控存在风险

一是核心芯片依赖进口：97.6%的芯片来自欧美等国，存在断供风险。二是基础软件存在隐患：在运厂站的操作系统、数据库和 MMS 通信软件大量采用国外产品，存在潜在漏洞和风险。三是国产芯片有待验证：国产芯片尚未实现规模化应用，技术性能和可靠性有待全面验证。

为适应电网新的生产体系变化，满足无人值班、设备集中监控的业务需求，变电站二次系统的功能定位为：实现站内设备的保护控制、实时监视、远方监控、网络安全功能；支撑调度中心对电网运行监视与控制的需求；支撑集控站开展变电站一、二次设备和辅助设备集中监控及设备管理的需求；支撑站内运维检修、设备管理和应急值班的需求；支撑营销对电量数据采集和电能表计设备管理的需求，如图 1 - 3 所示。

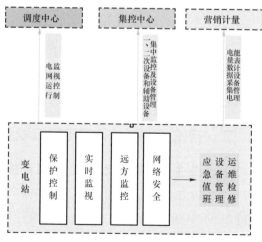

图 1 - 3　自主可控新一代变电站功能定位

（二）自主可控新一代变电站优化方案

1. 全面自主可控

新一代变电站最基础的功能实现就是"全面自主可控"，全面杜绝因进口芯片断供造成的芯片供应链安全风险，消除软件后门、漏洞和潜在风险等，实现变电站二次设备全面自主可控，提升电网本质安全水平。

（1）CPU、FPGA、ADC、存储、通信等全部芯片均采用自主可控芯片。

（2）操作系统、数据库等基础软件和应用软件全部采用国内自主研发的软件。

（3）采用国产通信协议代替 MMS 通信协议。

2. 系统功能优化

（1）数据采集方式。

1）统一数字化采集，统一电磁式互感器和电子式互感器的应用方式，统一光纤传输。

2）按一次设备间隔配置集成合并单元和智能终端功能的采集执行单元，如图 1-4 所示。

3）扩大电子式互感器应用范围：结合自主可控安全可靠的变电站二次系统试点/示范，在 110kV 电压等级选取一定比例的变电站应用电子式互感器，在对试点/示范情况进行总结评估后，确定后续推广方案。

4）因数字量计量溯源问题，结算用计量装置暂仍采用电磁式互感器、电缆采样。

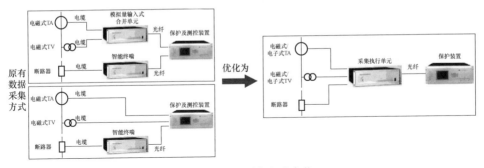

图 1-4　数据采集方式变化

（2）设备功能优化。

1）多功能测控按间隔配置，整合测控和 PMU。

2）智能故障录波装置整合故障录波、网络分析、二次设备状态监测。

3）整合结算计量、电能质量监测。

（3）优化网络配置。

1）采集执行单元与间隔层设备采用点对点直连通信，取消过程层网络。

2）利用站控层组网优势，保护、测控少量联闭锁 GOOSE 信息通过站控层网络交互，如图 1-5 所示。

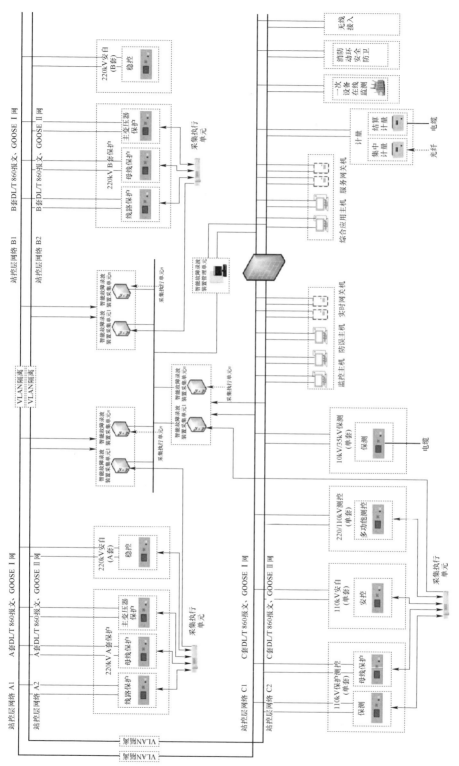

图 1-5 自主可控新一代变电站网络结构

（4）优化 SCD（Substation Configuration Description，SCD）配置。

1）实现保护测控设备信息配置和功能配置的解耦。

2）设备功能配置标准化，实现固定配置。

3）对 SCD 文件版本、校验码等信息实施在线监视、和对比校验。

4）提高 SCD 配置工具的标准化及人性化水平，设备连接关系通过图形直观展示，如图 1-6 所示。

5）SCD 文件固定在综合应用主机上配置和管理。

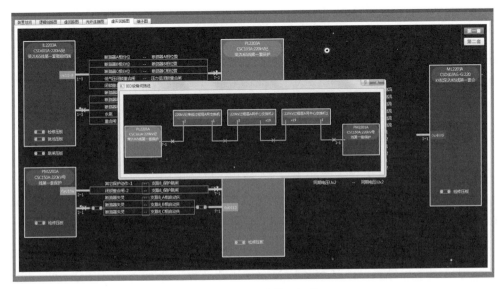

图 1-6 SCD 文件可视化

3．设备全面监控

（1）站控层系统优化。

1）设备优化：各专业主机统一整合为监控主机和综合应用主机；各通信网关统一整合为实时网关机和服务网关机。

2）功能优化：根据业务应用需求将站控层 5 大类共 24 项功能优化为运行监视、操作控制、智能应用、主站支撑服务等 4 大类共 19 项功能。

3）远方支撑：加强站内智能分析，减少原始数据上传，通过远程数据和服务调用支撑远方监视。

（2）辅控系统优化。

集成一次设备在线监测、火灾消防、安全防范、动环系统、智能锁控以及在线智能巡视系统，横跨Ⅰ区、Ⅱ区和Ⅳ区，实现对变电站一次设备运行状态在线监测以及变电站运行环境的全面感知与控制。

4. 安全防护有效

（1）无线接入设备采用身份认证及数据加密等安全防护手段。

（2）及时对站内设备进行安全加固和漏洞修复，屏蔽高风险网络端口。

（3）加强网络安全监测功能部署。

第二节　智能变电站二次系统模型文件

智能变电站二次系统的模型文件是变电站安全稳定运行的核心部分，它支撑了变电站从设计、调试、运行、检修全过程的业务开展，是实现变电站二次系统标准化设计、可视化调试、自动化巡检、智能化运维的基础。智能变电站二次系统模型文件按照文件类别可以分为两类：二次系统信息模型文件和二次系统物理模型文件。

一、二次系统信息模型

智能变电站中继电保护及相关设备均采用 IEC 61850 标准进行建模通信，二次系统信息模型文件基于 IEC 61850 标准，通过变电站配置描述语言（Substation Configuration Language，SCL）描述变电站设备对象，包括二次系统智能电子设备（Intelligent Electronic Device，IED）、逻辑访问点及其之间连接的逻辑属性。

二次系统信息模型文件包括：智能电子设备能力描述文件（IED Capability Description，ICD），全站系统配置文件（Substation Configuration Description，SCD），IED 实例配置文件（Configured IED Description，CID），系统规格文件（System Specification Description，SSD）。上述模型文件的应用使得变电站设备自描述、设备的在线配置及相互之间的互操作可以方便地实现。

（一）智能电子设备能力描述文件（ICD）

ICD 文件描述了具体 IED 的功能和工程能力，包含模型自描述信息，但不包括 IED 实例名称和通讯参数。ICD 文件还应包含设备厂家名、设备类型、版本号、版本修改信息、明确描述修改时间、修改版本号等内容，同一型号 IED 具有相同的 ICD 模板文件，ICD 文件不包含设备通信地址（Communication）元素。

ICD 文件按照 IEC 61850－7－4 中提供的模型及《Q/GDW 1396—2012 IEC 61850 工程继电保护应用模型》中的规定进行建模。

（1）ICD 文件应包含设备模型自描述信息。例如在其"逻辑装置（LD）"和"逻辑节点（LN）"实例应包含中文"描述（desc）"属性，实例化的数据对象（DOI）

应包含中文"desc"。

（2）ICD 文件应按照工程远景规模配置实例化的 DOI 元素。ICD 文件中数据对象实例 DOI 应包含中文的"desc"描述，两者应一致并能完整表达该数据对象具体意义。

（3）ICD 文件应明确包含制造商（manufacturer）、型号（type）、配置版本（config version）等信息，增加"铭牌"等信息并支持在线读取；

（4）ICD 文件中可包含定值相关数据属性如"单位（units）""步长（stepSize）""最小值（minVal）"和"最大值（maxVal）"等配置实例，客户端应支持在线读取这些定值相关数据属性。

（二）全站系统配置文件（SCD）

SCD 文件包含了全站所有信息，描述所有 IED 的实例配置和通信参数、IED 之间的通信配置以及变电站一次系统结构。SCD 文件应包含版本修改信息，明确描述修改时间、修改版本号的内容。SCD 文件建立在 ICD 和 SSD 文件的基础上，现在监控后台已经可以根据 SCD 或 ICD 文件自动生成数据库，减少监控数据库配置的困难。

SCD 文件结构如图 1-7 所示，文件包含 5 个元素，分别为：Header（信息头）、Substation（变电站描述）、IED（智能电子设备描述）、Communication（通信系统描述）和 DataTypeTemplates（数据类型模板）。同时 SCD 文件按照 IEC 61850 规范建立了三种信息服务模型：MMS（制造报文规范）、GOOSE（通用面向变电站时间对象）和 SV（采样值）。MMS 信息以标准化格式为主站上送各 IED 设备运行维护信息，GOOSE 信息包含了 IED 之间及 IED 与智能终端之间的交互信息，SV 信息包含了 IED 设备与合并单元之间的采样值。

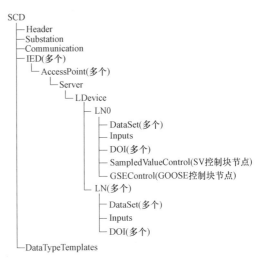

图 1-7 SCD 文件结构

（三）IED 实例配置文件（CID）

CID 文件是 IED 设备的实例配置文件，通常从 SCD 文件中导出生成。CID 文件结构与上述的 ICD 文件结构一致，但需配置实际的 IED 设备通信地址（Communication 元素），以及相关的 GOOSE、SV 输入和输出的实例化信息。

CID 文件每个装置一个，具有唯一性，并且禁止手动修改，避免与 SCD 文件出现不一致情况。CID 文件直接下载到相应的 IED 装置中使用，IED 通信程序启动时自动解析 CID 文件映射生成相应的逻辑节点数据结构，实现通信与信息模型的解耦。

实际应用过程中各个设备制造厂商使用"工程配置文件"来实现过程层网络的信息交互，各制造厂商的"工程配置文件"差异性非常大，除了 CID 文件外还有的包括".txt"，".bin"，".xml"等格式的文件，这些都包含了 IED 装置运行所需要的信息，但格式的不统一给文件的管控带来了一定的难度，国家电网通过推进保护装置的"九统一"规范，逐渐将 CID 文件格式规范化，基本以".cid"文件为主。

（四）系统规格文件（SSD）

SSD 文件描述接线拓扑图、变电站功能、逻辑节点等。该文件定义了系统一次主接线图，包括了变压器、电压等级、间隔、设备、拓扑连接等，为设备属性及连接关系提供了有效的依据，同时将系统一、二次设备关系进行了详细描述，能够通过配置工具实现系统的图形化。SSD 文件全站唯一，由应用系统集成商提供，并最终包含在 SCD 文件中。

SSD 文件结构主要包括的对象模型有：变电站（Substation），电压等级（VoltageLevel），变压器（PowerTransformer 或 Transformer），间隔（Bay），设备（Equipment），子设备（SubEquipment），功能（Function），连接节点（ConnectivityNode），端点（Terminal），逻辑节点（LNode）等。

SSD 文件描述了变电站一次设备以及二次装置的模型，建立了"电网.厂站/电压等级.间隔.设备/部件.属性"层级结构，并对电网一次设备进行了参数设置。SSD 文件遵循的要求建立了电网一次设备图元，在工程中应采用基于间隔（Bay）的建模方法，即把设备或功能根据其关联关系或功能关系组织到一系列的间隔中，通过图模一体化技术实现了一次设备与二次设备二维图形的关联，如图 1-8 所示。

（五）二次系统信息模型之间关系

智能变电站二次系统信息模型中 ICD 文件、SSD 文件、SCD 文件以及 CID 文件可以用编写企业报告的例子来做类比，其中 ICD 文件为企业各个部门所需报告的模板，SSD 文件则为整体报告的结构，SCD 为最终的企业报告，CID 文件则为每个部门在最终报告下所需开展的具体事务。因此，按照上述逻辑，ICD 文件与 SSD 文件通过集成商形成变电站 SCD 文件，变电站各装置由整站的 SCD 文件导出各自所对应的 CID 文件，然后下装投运，整体流程如图 1-9 所示。

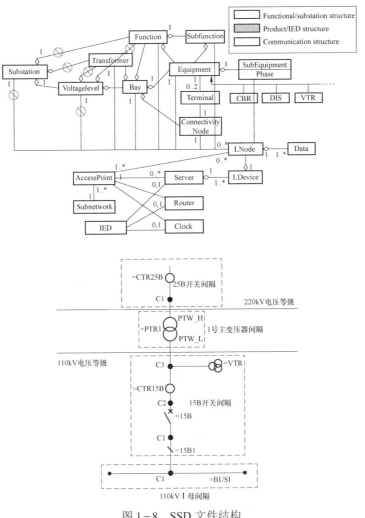

图 1-8　SSD 文件结构

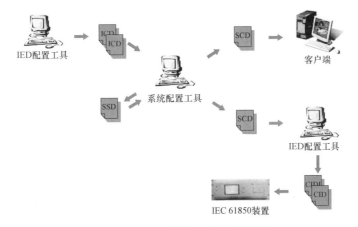

图 1-9　二次系统信息模型配置流程

二、二次系统物理模型文件

变电站二次系统物理模型用于描述变电站二次系统物理设备和设备之间的连接属性。包括装置的背板信息、端口信息、组屏信息、屏柜布置信息、设备之间连接回路的标号等。

现阶段，智能变电站二次系统物理模型文件包括：用于描述智能变电站物理光纤回路的单装置物理能力描述文件（Individual Physical Capability Description，IPCD）、变电站物理配置描述文件（Substation Physical Configuration Description，SPCD）和其他模型文件。

（一）单装置物理能力描述文件（IPCD）

智能变电站 IPCD 文件采用 UTF-8 编码的 XML 文件格式，扩展名为".ipcd"，描述了具体 IED 设备的物理信息，其中包括了设备（Unit）、板卡（Board）、端口（Port）信息，其中 Unit 元素包含一个或多个 Board 元素，Board 元素包含一个或多个 Port 元素，形成逐级嵌套的关系。智能变电站装置插件及物理端口的命名和标识应遵循《Q/GDW 1396—2012 IEC 61850 工程继电保护应用模型》和《Q/GDW 11471—2015 智能变电站继电保护工程文件技术规范》相关要求，应以满足《GB/T 37755—2019 智能变电站光纤回路建模及编码技术规范》的 SPCD 文件和《Q/GDW 1396—2012 IEC 61850 工程继电保护应用模型》的 SCD 文件为基础，实现物理回路与逻辑回路的自动映射。

IPCD 文件的命名应遵循以下原则：

（1）装置型号描述实际物理装置型号，包含保护装置软件版本的硬件平台代码、保护系列代码、保护基础型号代码、保护应用方式、保护选配功能代码 5 部分内容，且描述一致；

（2）IPCD 文件版本号描述该 IPCD 文件的历史变更情况，应具备唯一性，依据"V1.00"的格式编写，并由制造商顺序编号、管理；

（3）CRC-32 校验码的计算序列使用 IPCD 文件的全文内容，校验码计算结果不满四字节的，高字节补 0x00。

（二）变电站物理配置描述文件（SPCD）

智能变电站 SPCD 文件采用 UTF-8 编码的 XML 文件格式，扩展名分别为".spcd"，描述了整站 IED 设备之间的光纤回路连接，其中包括了变电站（Substation）、区域（Region）、屏柜（Cubicle）、线缆（Cable）、线缆纤芯（Core）、柜内纤芯（IntCore）信息，其中 Substation 元素依次包含一个或多个 Region 元素、Cable（屏柜间物理线缆）元素，Region 元素依次包含一个或多个 Cubicle 元素，

Cubicle 元素依次包含一个或多个 Unit 元素、IntCore 元素，Cable 元素包含一个或多个 Core 元素，形成逐级嵌套的关系。

SPCD 文件的命名应遵循以下原则。

（1）文件采用"文件名.spcd"的格式。文件名应包含变电站所属电网地区简称、变电站电压等级编号、变电站简称、SPCD 文件版本号和 SPCD 文件校验码五部分。

（2）变电站简称宜采用变电站名称的中文拼音首字母，变电站简称在同一地区内应唯一。

（3）SPCD 文件版本号描述该 SPCD 文件的历史变更情况，应具备唯一性，依据"V1.00"的格式编写。

（4）CRC-32 校验码的计算序列使用 SPCD 文件的全文内容。

SPCD 模型的配置流程与之前所述 SCD 文件配置流程相似，具体过程如图 1-10 所示。

（1）设备制造阶段应通过 IPCD 配置工具配置 IPCD 文件，IPCD 文件中包含单装置的板卡、端口等物理能力描述信息。

（2）系统集成阶段应通过 SPCD 配置工具导入 IPCD 文件，完成全站物理回路的配置，并形成 SPCD 文件。

（3）系统集成后形成的完整 SCD 和 SPCD 文件中，包含可相互映射索引的装置标识符以及物理端口标识符，通过在 SCD 中检索逻辑回路、在 SPCD 中检索物理回路，获取物理回路与逻辑回路的虚实映射关系。

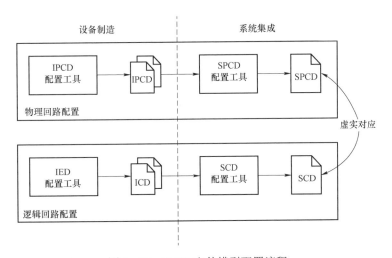

图 1-10 SPCD 文件模型配置流程

（三）其他二次系统物理模型

随着数字化建模技术的发展，现有的智能变电站二次系统物理回路模型已经无法满足二次专业高级运维需求，尤其是面向全部二次物理回路的模型文件已经开始编制，在第二章将会详细介绍涵盖智能变电站光纤和电缆回路的物理模型，将全部物理装置与回路纳入，形成具有高兼容性和扩展性的模型，为二次系统的全景可视化监测、故障诊断以及智能运维提供有力的模型支撑。

现阶段，电力系统三维数字化技术研究主要面向变电一次专业、土建专业、输电线路，应用范围主要集中在设计阶段，对于电网二次系统应用较少，也还未形成相应的标准。但随着远程运维、数字孪生等技术的快速发展，为二次专业的三维建模提供了技术方向，通过对二次设备开展三维建模，可以为变电站运维人员、调度人员提供更加直观可靠的监测方式，在三维模型场景下开展故障复现与推演，对故障进行溯源分析和趋势预警，对于提升电网可靠运行具有巨大的意义。本书第二章将会对二次系统的三维建模进行详细介绍，为二次系统三维建模提供指导。

第三节　二次系统运维与测试技术发展

一、二次系统运维存在的问题

现阶段，变电站二次系统运维工作主要包括二次设备验收、二次系统巡视、二次系统监控、二次故障处理以及安全措施校核等方面，在建设能源互联网的背景下电网二次专业运维工作存在以下重点问题。

（一）二次设备验收人工依赖严重

作为变电站投运之前关键环节，验收工作对于变电站稳定运行有着十分重要的作用，依据《GB/T 51420—2020 智能变电站工程调试及验收标准》来开展，验收工作按投运过程可分为工厂验收、现场验收和启动验收三阶段，按照验收的内容分为资料验收和设备验收两大项。

资料验收方面，主要包括设备出厂检验报告、出厂说明书、设备安装调试记录、二次设备模型文件等。传统验收的方式主要靠人工依据资料清单进行核查，存在设备验收工作不规范问题，主要原因包括验收组织不到位、验收人员业务技能水平不合格、责任心不强三方面，从而造成验收资料移交不全面，各个工程资料验收水平参差不齐，导致在后续设备运维、维护、检修过程中数据缺失和无法溯源。因此在资料验收阶段采用电子版数字化移交，建立设备资料管控平台，构建资料全过程管控体系是今后变电站资料验收的重点方向。

设备验收方面，主要包括安装工艺验收、二次回路检查以及二次设备调试。其中安装工艺验收方式为按照工艺标准要求进行人工检查，包括端子排的布置、电缆光纤布置、封堵情况等；二次回路检查方式为工作人员按照设计院的二次 CAD 图纸进行回路核查，校对屏柜、装置、空气开关、端子排是否与设计一致，由于二次回路复杂，且连接点众多，光纤回路信息不可见，造成二次回路检查工作量巨大，人员力量不足，问题暴露不彻底，给变电站运行带来严重隐患。

综合上述情况，可以看出现阶段变电站二次设备验收工作方式主要依靠人工进行（见图 1-11），存在着项目内容繁杂、人工依赖严重、经验水平制约等问题，从而影响二次设备验收质量。因此，需要借助技术革新来改变二次设备验收方式，减少对人的依赖，通过数字化资料移交、图像识别核对、人工智能校验等先进的技术手段，提升二次设备验收的效率及准确性，为变电站安全运行奠定坚实基础。

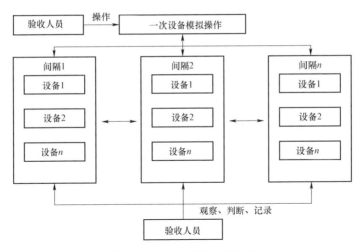

图 1-11　二次系统验收模式

（二）二次系统在线监视覆盖有限

二次保护设备在线监视与智能诊断技术越来越受重视。2016 年，国调中心《关于印发国家电网公司 2016 年调度控制重点工作任务的通知》提出开展基于 SCD 管控的可视化运维技术与防误预警技术研究试点，之后，国网经研院开展智能变电站二次系统智能运维技术、智能变电站可视化运维体系研究和应用调研。2017 年，国家电网在《关于加强电网二次系统管理工作的通知》中明确提出，推广二次虚回路可视化、自动校验、智能诊断和检修策略辅助决策技术，提升现场工作效率以及防误水平。

为确保继电保护动作的可靠性，变电站二次回路采用电缆采样、电缆跳闸的方式，站内二次回路繁多且复杂，回路隐患难以发现，回路作业风险大，容易出现误碰、误操作等事故。现阶段的变电站在线监视只注重一次设备及回路，变电站二次设备在线监视只实现了对光纤回路的在线监视，包括二次物理回路、二次设备在内的二次系统全物理回路和设备的在线监视尚不完整，数据表明近一年内变电站二次回路误动占比近 70%，过去 5 年占比近 75%，二次回路的关键信息点监测问题正逐渐成为继电保护专业的顽疾。

现阶段变电站二次系统的信息监视只局限于设备之间虚回路的信息交互，在监视手段上也只限于二维连接示意图，无法将二次系统从物理连接以及原理功能上全面呈现，在遇到故障时依然需要翻阅海量图纸，存在不准确、查询不方便的问题，二维与三维模型之间的多维监视尚属空白。

所以亟须对变电站二次系统回路在线监视技术进行更新，实现二次系统实景展示、设备状态实时感知，建立数据覆盖全面，展示维度多样的在线监视系统，进一步提高运维检修人员快速诊断和缺陷处置能力，全面有效支撑调控安全高效运行。

（三）二次故障诊断辅助决策不足

伴随着大量智能变电站的投入运行，智能二次设备数量急剧增加，与采用硬电缆链接、回路简单清晰且各自独立的传统变电站二次系统相比，智能变电站采用的虚拟接线，虽然使得传输过程中的信息高度集成，但也使变电站的故障查找和设备检修变得相对复杂得多。

根据 2017、2018 年和 2019 年某电网《继电保护及安自装置运行分析报告》显示，2017 年保护设备共发生缺陷 55 次，缺陷累计时间 364.57h，平均消缺时间 6.63h/次；2018 年保护设备共发生缺陷 96 次，缺陷累计时间 954.29h，平均消缺时间 9.94h/次；2019 年保护设备共发生缺陷 118 次，缺陷累计时间 964.98h，平均消缺时间 8.178h/次。平均消缺时间在 8.25h，由于消缺时间造成的电量损失约为 742 万元。如图 1-12 所示。

由近三年的数据走向可以看出，随着智能变电站数量的增加，二次系统发生故障的次数也不断增长，但故障的消缺时间比较稳定，说明消缺的效率有所提高，但是所提升的程度有限。

造成故障处理时间过长的原因主要在于：数据信息的采集全面性和故障诊断方法高效可靠性，有效分析手段可以及时切除故障，避免恶性停电事故的发生，对电网的安全稳定运行具有不可忽视的作用。

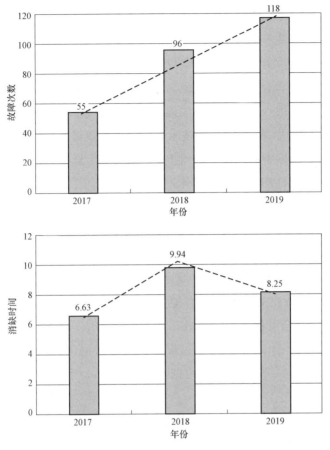

图 1-12　某电网二次系统故障次数与处理时间

智能变电站二次设备故障诊断的实现，需要通过推理方法、拓扑知识和评价指标等多个方面对各子系统的完整模型建立准确的描述。现有的故障诊断方法一般利用单一种类的故障特征信息完成故障诊断，诊断方法的局限性导致诊断结果无法全面反映设备的运行状态。二次回路的维护及消缺主要还是依赖厂家技术人员及相应的专业设备来解决，需要较高的专业技术水平，缺乏简单有效的手段对站内海量信息进行分析，进而提取故障特征信息，致使运维人员难以迅速有效地解决运行中发生的各种二次回路缺陷，给调度人员的故障处理带来难度。

当前随着智能变电站网络化、智能化及标准化趋势，在线监视系统可以监测获取更加全面的信息，充分利用在线监视系统收集到的丰富的故障特征信息，通过对多源数据的综合判断，进行故障诊断及辅助决策成为大势所趋。

（四）二次运维远程移动亟须推进

2020 年新冠疫情突如其来，为有效遏制疫情蔓延，推进复工复产，确保确诊和疑似病例"双零",电网企业采取封闭式管理,减少人员之间的流通。在调度及变电站普遍采用"一主一备"的值班模式,各个班组之间互不接触,在保证人员安全的情况下,也造成了运行人员紧张,人员压力增大的状况。

在变电站运维方面,以某电网为例,220kV及以下的变电站百分百实现无人值守,500kV变电站采用分片区中心站的运维方式。调控中心将变电站设备远程集中监视功能部署在调度主站,通过电网技术支持系统实现对区域内多个变电站运行状态的实时监控,由调控中心向运维班组提供现场情况,运维班前往现场进行故障排查和反馈,这种模式适应了电网集约化发展需求,缩短了变电站运营管理链条,人力资源利用率得以提高。

但是现阶段无人值守变电站在运维方式上存在如下问题。

(1)运维班组缺乏直接远程监视的有效手段,仅依靠调控中心向变电站提供信息后再处理各类问题,导致设备隐患难以及时被发现。

(2)调控中心监视的信号非常有限,变电站非关键信号通过合并信号上送,导致设备安全隐患难以被发现,造成事故范围的扩大。对典型的220kV变电站数据进行统计发现,上送调控中心的数据占全站数据量的比重很少,常规站上送数据占比为21.9%,智能站上送数据占比为3.9%,远远达不到设备远程巡检所需。

(3)变电站地域分布广泛,多数处于偏远地区,导致一些信号复归、信号改名、装置重启等简单操作需要去很远的现场,浪费了大量的人力和物力资源,效率极低。

这些问题使得变电站远程运维越来越重要,迫切需要借助信息化、自动化的技术手段,提供智能移动工作方式,实时自动巡检运行设备,减少人力成本,提高运维的工作效率。

(五)二次作业安全措施有待加强

按照国家能源局2019年电力事故统计信息,2019年,全国发生电力人身伤亡事故38起、死亡43人,死亡人数增加3人,增幅8%,其中,电力生产人身伤亡事故29起,死亡32人,事故起数同比增加8起,增幅38%;死亡人数同比增加10人,增幅45%。

按事故类别统计,触电和高处坠落类别事故多发,分别为15起和14起,占事故总起数的39%和37%,死亡人数分别占死亡总人数的35%和47%。人的不安全行为造成事故多发,占到事故总起数的66%,死亡人数占到总死亡人数的56%。如图1-13所示。

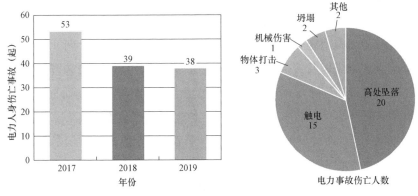

图 1-13 2019 年电力事故汇总

其中由于安全措施不到位造成的事故为 27 起，占到事故总数的 71%，其中二次安全措施包括：电气二次逻辑保护的投入和监视、电流电压端子的封堵、投退硬压板、保护定值修改等，造成二次安措不到位的原因如下。

常规变电站二次安措问题在于：设备运行年限久，改造次数多，导致出现竣工图纸接线和现场实际接线不一致的严重情况，二次检修人员需进行大量现场核对工作来保证二次安措的准确性，增加了二次检修的工作量，同时使现场核对工作的安全风险增大。

智能变电站二次安措问题在于：二次回路均依靠 SCD 和设备间的光纤连接来实现，其可视化程度低。现阶段现场检修作业二次安措票的编制由检修人员根据 SCD、软压板布置等手动填写完成，受限于技能水平和工作经验，容易造成二次安措缺项和漏项，难以保证其准确性。

另外，在二次安措流程上，二次安措票编制完成后，需要班组长审核签发才能现场执行，对修改后的二次安措票需要重新履行审核签发手续，在执行和恢复过程中效率不高。因此，需要对变电站二次安全措施的制定、执行和管控全过程进行技术和管理升级，从而保证现场作业的安全开展。

二、二次系统运维测试技术发展方向

随着国家电网建设国际领先能源互联网的进程不断推进，继电保护及自动化（统称二次专业）作为电网运行的核心业务，所处形势也在不断变化，在不断强化专业管理质效、提高技术装备水平、提升安全生产保障能力的同时，对技术创新和探索实践、设备标准化与信息规范、数据共享与高效处理、业务支撑与综合应用等方面提出了更高的要求，因此对于电网二次系统运维提升显得极为迫切，按照国家电网二次专业发展规划，其技术发展主要有以下方面。

（一）构建二次系统通用模型管理与应用体系

二次系统各类模型文件是变电站能够安全稳定运行的基础，因此开展二次系统全面规范统一化建模以及管理尤为重要。现阶段国网公司大力推动智能变电站工程文件管控系统建设，开展智能变电站工程文件在线匹配校验技术研究，能够实时监视运行设备与管控系统工程文件一致性。同时研究智能化配置工具，采用基于系统描述的继电保护虚端子关联信息的自动生成方法，实现继电保护信息系统的自动配置，从而简化智能变电站配置流程。

在智能应用方面，开发基于标准工程文件的智能应用，综合应用光纤标识、工程文件信息，研究基于标准工程文件的继电保护数据、模型、图形的一体化展示平台，对二次设备实现自动精益化评估。通过建立二次系统的基础模型信息，完善智能变电站继电保护二次设备模型架构，为智能变电站继电保护状态检修的应用和二次运维管理系统信息的集成和交互奠定基础。

（二）提升二次系统仿真测试水平

随着城市配电网技术快速发展，配电网可靠供电逐渐成为电网研究的重点，开展配电网入网装置及系统级仿真测试也成为热点。配电网的自愈系统能够实现配电网故障快速隔离，缩短停电时间，是城市高可靠配电网保护控制的发展方向。以雄安为代表的城市配电网采用双花瓣、双环网、双接入级联等网架结构，通过保护装置、自投装置和分布式自愈装置的相互配合实现故障的快速隔离和系统自愈。因此，利用实时数字仿真系统搭建仿真环境，对配电网各类故障进行仿真，分析保护和自动装置动作行为和配合关系，从而实现保护和自愈系统的可靠性和正确性验证，对提升配电网供电可靠性具有重要意义。

（三）强化二次系统故障分析与处置能力

二次系统故障分析与处置能力是电网可靠供电的重要评价标准，因此，通过开展保护在线监视与智能诊断技术，研究全站继电保护事件记录、动作简报、故障录波、装置状态、网络报文、回路状态等信息在线采集处理技术，进一步提升电网事故分析智能化水平。通过电网故障快速定位和辅助决策技术，实现精确、快速的电网故障定位、故障类型判别及处理的辅助决策、全景展示及预警，辅助调度员对电网事故进行快速处理。

利用电网故障记录、分析和全过程反演技术，形成全网同步的全景录波，实现电网事故的准确记录、分析和全过程反演。结合保护装置动作行为分析和动作逻辑回放技术，综合分析动作事件顺序记录、动作简报和内部录波等信息，对保护中间结果信息进行分析解读，实现保护动作逻辑回放、分层推演以及装置故障定位、隐性故障辨识、预警，大幅提高运行检修人员快速处理缺陷能力。

（四）打造二次系统智能化运维检修模式

开展研究二次回路状态实时可视化技术应用。研究二次虚回路、软压板以图形化呈现的方式，为运维人员提供直观的状态确认手段；研究二次回路运行状态的实时展示。研究设计图纸与实际回路的在线对比分析方法，增强二次回路的可视性与可控性。

开展远程在线自动巡检技术应用。利用电网全数据时间同步技术整合保护信息、故障录波、在线监测等多源数据资源，开展设备状态远程在线核对、模拟量异常判别、告警和动作分析功能，实现运维人员远程在线自动巡检，提升现场运维工作效率。

开展检修智能辅助决策技术应用。建立智能变电站检修策略辅助决策专家库，为设备停电检修计划、安全措施等提供支撑；建立典型缺陷库，提供相关缺陷处理方法，提高消缺效率；构建电网检修辅助决策系统，对继电保护检修工作实现从计划、批准、实施到竣工验收的闭环管理。

开展现场标准化作业智能管控。基于移动互联及物联网技术，构建继电保护现场作业移动电子化管控平台，根据继电保护设备现场作业巡视、验收、检修、消缺等各类典型工作任务自动生成完整的安全措施票和作业指导书，实现继电保护运维现场作业的电子化、信息化和智能化，最大限度减少漏检、错检，提高现场运维工作的管控水平和工作效率。

第二章

二次系统信息与物理模型

第一节 智能变电站二次系统信息模型

一、IEC 61850 模型基本概念和构成

IEC 61850 标准采用面向对象的建模方法，IEC 61850 不仅仅是一个通信规约，它对变电站自动化系统的设计、开发、工程、维护等各个领域均有指导意义。该标准通过对变电站自动化系统的面向对象统一建模，采用独立于网络结构的抽象通信服务接口，增强了设备之间的互操作性，可以在不同厂家的设备之间实现无缝连接。

使用 IEC 61850 标准建立模型具有继承性、可复用性等特点。根据 IEC 61850 标准，变电站智能电子设备 IED 的信息模型为分层的结构化的类模型。信息模型的每一层都定义为抽象的类，表示了相应的属性和服务。属性描述了类的所有实体外部可视化的特征；服务提供了访问或操作类的方法。从建模层次上分，每一个 IED 包含一个或多个服务器（Server），每个服务器包含多个逻辑设备（Logical Device，LD），逻辑设备包含多个逻辑节点（Logical Node，LN），逻辑节点包含了数据对象（Data Object，DO），数据对象则是由数据属性（Data Attributes，DA）构成。如图 2-1 所示。

IEC 61850通过面向对象的建模方法，构建起结构化的信息模型，通过采用标准化命名的兼容逻辑节点类以及兼容数据类，对变电站自动化语义进行了明确的规

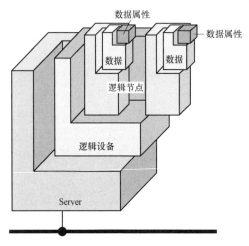

图 2-1 IEC 61850 模型结构

定，为在该标准下所建模型的互操作性的实现提供了体系支撑。

（一）服务器（Server）

服务器（Server）模型是 IEC 61850 模型的最外部模型，他描述了一个设备"外部可视"的行为，所谓的"外部可视"是指其他设备（客户端或另外的 IED）能够通过通信网络访问它内部的资源或数据。IED 中所有的外部可视信息都包含于服务器中。服务器模型包含了 IED 设备的逻辑设备模型，同时还包含了关联模型、时间同步和文件传输服务，如图 2-2 所示。

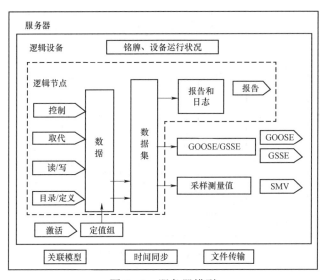

图 2-2 服务器模型

其中，关联模型实现不同装置之间的通信链接的建立；时间同步实现对时信息的传输，为报告服务和日志服务提供高精度时标；文件传输服务提供大型数据文件的传输，如故障录波文件、故障报告文件传输等。

IED 的服务器模型能够实现过程层和站控层之间的连接，每个服务器建模的时候必须至少有一个访问点（Access Point），该访问点描述了 IED 设备与实际通信网络的连接关系，也就是装置物理通信端口，如图 2-3 所示。

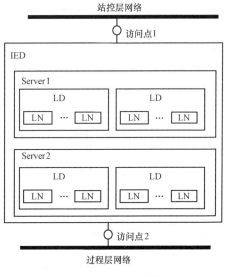

图 2-3 IED 访问点

25 |

（二）逻辑设备（LD）

逻辑设备 LD 是具有特定功能和使用信息的一种虚拟设备，它由逻辑节点和附加的功能服务所组成，其中，逻辑节点是具有公共特性或者共同特征的聚类；附加功能服务则用于描述设备本身的状态，以及和多个相关逻辑节点间的通信服务，例如设备的铭牌数据、装置运行的上电次数、失电告警、定值服务等，如图 2-4 所示。在对逻辑设备定义之前，它只是一种代表逻辑概念的设备，工程实施过程中，一般根据功能进行逻辑设备的划分。

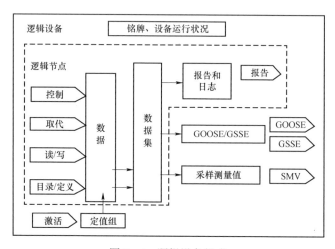

图 2-4　逻辑设备组成

逻辑设备建模的原则为：具有某些公共特性的逻辑节点组成一个逻辑设备。例如，一台保护测控一体化装置一般具有五个逻辑设备，分别为：

公用 LD，描述为"LD0"，包括装置本身信息，如自检信息、告警信息、系统参数等公用信息；

保护 LD，描述为"PROT"，包括保护相关功能，如告警、压板、动作事件、定值等；

测量 LD，描述为"MEAS"，包括装置采集模拟量，如交流电压、电流，直流量等；

控制 LD，描述为"CTRL"，包括装置的遥控信息，如远方/就地遥控开关跳开，闭合等；

录波 LD，描述为"RCD"，包括了与录波相关的信息，如录波启动、录波完毕等；

智能终端 LD，描述为"RPIT"，包括了智能终端信息，如断路器的断开、合闸等。

另外，服务器中访问点的信息也以逻辑设备的方式进行定义，例如：

GOOSE 过程层访问点 LD，描述为"PIGO"，包括过程层开入信息，如设备之间传输的保护动作、跳闸、闭锁等 GOOSE 信息；

SV 过程层访问点 LD，描述为"PISV"，包括了过程层采样信息，如设备之间传输的录波电流等；

合并单元 GOOSE 访问点 LD，描述为"MUGO"，包括了内部告警 GOOSE 信号、电压切换、温湿度测量信息；

合并单元 SV 访问点 LD，描述为"MUSV"，包括了三相的电流电压、同期电压、保护及测量模拟量等。

需要注意的是，IEC 61850 并没有对逻辑设备的命名做统一的规定，用户可以自由设置逻辑设备名字。若装置中同一类型的 LD 超过一个可以通过添加量为数字后缀，如 PIGO01、PIGO02。

（三）逻辑节点（LN）

逻辑节点是组成变电站信息模型的最小模块，由数据对象、数据属性和对应的功能服务聚合而成，同时可以与其他逻辑节点进行交互，共同组成一个 IED 装置，从而完成特定功能。逻辑节点 LN 体现了将变电站自动化功能进行模块化分解的一种建模思路，每个逻辑节点就是一个模块，代表了一个具体的功能。多个逻辑节点一起协同工作，共同完成控制、保护、测量以及其他功能。

为满足变电站自动化系统应用需要，IEC 61850-7-4 标准定义了包括变电站一次设备、继电保护、测量控制、计量等不同功能的 92 个逻辑节点，覆盖变电站各类设备和各种功能，如表 2-1 所示。

表 2-1 　　　　　　　　IEC 61850-7-4 标准定义的逻辑节点

序号	逻辑节点分组	逻辑节点数	首字母缩写
1	自动控制（Automatic control）	4	A
2	监视控制（Supervisory control）	5	C
3	通用引用（General reference）	3	G
4	接口/归档（Interface and archiving）	4	I
5	系统逻辑节点（System logic node）	3	L
6	计量/测量（Metering/measurement）	8	M
7	保护（Protection）	28	P
8	保护相关（Protection related functions）	10	R

序号	逻辑节点分组	逻辑节点数	首字母缩写
9	传感器、监视（Sensors，monitoring）	4	S
10	互感器（Transformer）	2	T
11	开关设备（Switchgear）	2	X
12	电力变压器（Power transformer）	4	Y
13	其他设备（Further power system equipment）	15	Z

逻辑节点作为基本单元构成变电站 IED 模型，下面以线路保护 IED 和测控装置 IED 的逻辑节点的构成进行详细说明。

1. 线路保护逻辑节点

按照《Q/GDW 1396—2012 IEC 61850 工程继电保护应用模型》中的定义，线路保护包含下列逻辑节点，其中标注 M 的为必选、标注 O 的为根据保护实现可选，如表 2−2 所示。

表 2−2   线路保护逻辑节点列表

功能类	逻辑节点	逻辑节点类	M/O	备注	LD
基本逻辑节点	管理逻辑节点	LLN0	M		
	物理设备逻辑节点	LPHD	M		
主保护	纵联差动	PDIF	O	为纵联差动保护时根据保护实际实现可选	
	零序差动	PDIF	O		
	分相差动	PDIF	O		
	突变量差动	PDIF	O		
	纵联距离	PDIS	O	为纵联距离方向保护时必选	
	纵联方向	PDIR	O		
	纵联零序	PTOC	M		PROT
通道	纵联通道	PSCH	M		
	远传 1	PSCH	O		
	远传 2	PSCH	O		
	远传 3	PSCH	O		
后备保护	快速距离	PDIS	O		
	接地距离Ⅰ段	PDIS	M		
	接地距离Ⅱ段	PDIS	M		
	接地距离Ⅲ段	PDIS	M		
	相间距离Ⅰ段	PDIS	M		

功能类	逻辑节点	逻辑节点类	M/O	备注	LD
后备保护	相间距离Ⅱ段	PDIS	M		PROT
	相间距离Ⅲ段	PDIS	M		
	距离加速动作	PDIS	M		
	零序过流Ⅰ段	PTOC	O		
	零序过流Ⅱ段	PTOC	M		
	零序过流Ⅲ段	PTOC	M		
	零序过流Ⅳ段	PTOC	O		
	零序过流加速定值	PTOC	M		
	PT断线相电流	PTOC	M		
	PT断线零序过流	PTOC	M		
	零序反时限过流	PTOC	O		
	振荡闭锁	RPSB	M		
保护动作	跳闸逻辑	PTRC	M		
保护辅助功能	重合闸	RREC	O		
	故障定位	RFLO	M		
	故障录波	RDRE	M		RCD
保护输入接口	线路或母线电压互感器	TVTR	M		PROT
	线路电流互感器	TCTR	M		
	保护开入	GGIO	M	可多个	
保护自检	保护自检告警	GGIO	M	可多个	
保护测量	保护测量	MMXU	M	可多个	
保护GOOSE过程层接口	管理逻辑节点	LLN0	M		PIGO
	物理设备逻辑节点	LPHD	M		
	位置输入	GGIO	O		
	其他输入	GGIO	O	可多个	
	（边断路器）出口	PTRC	O		
	（中断路器）出口	PTRC	O		
	重合闸出口	RREC	O		
	远传命令输出	PSCH	O		
保护SV过程层接口	管理逻辑节点	LLN0	M	通道延时配置在LLN0下	PISV
	物理设备逻辑节点	LPHD	M		
	保护电流、电压输入	GGIO	O		

由表 2-2 可以看出，线路保护 IED 装置包含了 4 个逻辑设备分别为：保护 PROT、录波 RCD、GOOSE 过程层接口 PIGO、SV 过程层接口 PISV。每一个逻辑设备包含了相应的逻辑节点，其中管理逻辑节点 LLN0 和物理设备逻辑节点 LPHD 是每个逻辑设备必须包含的两个逻辑节点。

（1）保护 PROT：保护逻辑设备包括了差动保护（PDIF）、距离保护（PDIS）、方向保护（PDIR）、零序保护（PTOC）、保护通道（PSCH）、振荡闭锁（RPSB）、保护动作（PTRC）、重合闸（RREC）、故障定位（RFLO）、电流互感器（TCTR）、电压互感器（TVTR）、传输量（GGIO）、保护测量（MMXU）。根据不同的功能类上述逻辑节点分别进行实例配置，例如零序保护 PTOC 可按需配置在主保护中的在"纵联零序"以及后备保护中的"零序过流保护"中。

（2）录波（RCD）：录波逻辑设备包含了故障录波逻辑节点（RDRE）。

（3）GOOSE 过程层接口（PIGO）：GOOSE 过程层接口逻辑设备包含了传输量 GGIO、保护动作 PTRC、重合闸 RREC 以及远传命令 PSCH。其中传输量 GGIO、保护动作 PTRC、重合闸 RREC 也存在于保护 PROT 中。

（4）SV 过程层接口（PISV）：SV 过程层接口逻辑设备包含传输量 GGIO。

从逻辑节点定义上可以看出，这些逻辑节点进行组合可以实现线路保护的各种保护功能以及对断路器的分合。电流互感器 TCTR、电压互感器 TVTR 完成交流采样任务，为保护装置提供依据，并通过纵联通道 PSCH 传输给对端，主保护纵联差动 PDIF 根据电流值判定是否有故障，若有故障跳开断路器并将保护动作 PTRC 传输给相关其他保护，同时启动录波 RDRE，上述逻辑节点组合在一起协同合作，共同完成线路保护的各项功能。

2. 测控装置逻辑节点

按照《Q/GDW 1396—2012 IEC 61850 工程继电保护应用模型》规范中的定义，测控装置包含下列逻辑节点，其中标注 M 的为必选、标注 O 的为根据保护实现可选，如表 2-3 所示。

表 2-3　　　　　　　　　　测控装置逻辑节点列表

功能类	逻辑节点	逻辑节点类	M/O	备注	LD
基本逻辑节点	管理逻辑节点	LLN0	M		CTRL
	物理设备逻辑节点	LPHD	M		
断路器控制	断路器分合无电压合（闸）	CSWI	M	站控层设备与间隔层测控的控制交互模型	
	断路器分合（有电压合闸）	CSWI	M		

续表

功能类	逻辑节点	逻辑节点类	M/O	备注	LD
隔离开关控制	隔离开关控制	CSWI	O	可多个	CTRL
	接地开关控制	CSWI	O	可多个	
断路器过程层接口	总断路器	XCBR	O		
	A 相断路器	XCBR	O		
	B 相断路器	XCBR	O		
	C 相断路器	XCBR	O		
隔离开关过程层接口	隔离开关	XSWI	O	可多个	
	接地开关	XSWI	O	可多个	
备用控制	备用 1	CSWI	O		
	备用 2	CSWI	O		
	备用 3	CSWI	O		
联锁功能	隔离开关联锁	CILO	O	可多个	
	接地开关联锁	CILO	O	可多个	
	备用联锁	CILO	O	可多个	
其他	开入	GGIO	O	可多个	—
	告警	GGIO	O	可多个	
基本逻辑节点	管理逻辑节点	LLN0	M		MEAS
	物理设备逻辑节点	LPHD	M		
测量	间隔测量	MMXU	M		
	同期电压频率	MMXN	M	根据同期需要可多个	
	通用模拟量	GGIO	O	可多个	
互感器输入	母线电压	TVTR	M	可多个	
	线路电压	TVTR	M	可多个	
	线路电流	TCTR	M	可多个	
基本逻辑节点	管理逻辑节点	LLN0	M		PIGO
	物理设备逻辑节点	LPHD	M		
测控 GOOSE 过程层接口	GOOSE 位置输入	GGIO	O		
	GOOSE 开入	GGIO	O		
	GOOSE 模拟量输入	GGIO	O		
	GOOSE 输出	GGIO	O		
	GOOSE 联锁输出	CILO	O	可多个	
	断路器分合	CSWI	M	间隔层测控与过程层智能设备的 GOOSE 控制和位置接收模型，可多个	
	隔离开关分合	CSWI	M		

功能类	逻辑节点	逻辑节点类	M/O	备注	LD
基本逻辑节点	管理逻辑节点	LLN0	M		PISV
	物理设备逻辑节点	LPHD	M		
测控 SV 过程层接口	测控电流、电压	GGIO	O	多个	
基本逻辑节点	管理逻辑节点	LLN0	M		LD0 可选
	物理设备逻辑节点	LPHD	M		
其他	开入	GGIO	O	可多个	
	告警	GGIO	O	可多个	

注 M 为必选，O 为可选。ESG 为国网标准化中定义的定值。

由表 2-3 可以看出，线路保护 IED 装置包含了 4 个逻辑设备分别为：控制（CTRL）、测量（MEAS）、GOOSE 过程层接口（PIGO）、SV 过程层接口（PISV）。

测控装置所包含的逻辑节点有：总断路器（XCBR）、隔离开关（XSWI）、断路器/隔离开关控制（CSWI）、联锁（CILO）、传输量（GGIO）、测量（MMXU）、同期电压（MMXN）、电流互感器（TCTR）、电压互感器（TVTR）。这些逻辑节点根据功能需要分别构成断路器控制、隔离开关控制、测量、联锁功能等。

电流互感器（TCTR）、电压互感器（TVTR）完成交流采样任务，为测控装置提供采样值，通过过程层接口（GGIO）传输给后台等监控装置，完成设备运行信息的实时监测以及断路器开合条件的确认。在控制逻辑中通过开关控制（CSWI）完成对断路器/隔离的操作，并通过断路器（XCBR）、隔离开关（XSWI）将断路器和隔离开关位置上送，同时利用联锁输出（CILO）实现两者功能上的联锁，保证操作符合安全规程。上述逻辑节点组合在一起协同合作，共同完成测控装置的各项功能。

（四）数据对象（DO）与数据属性（DA）

数据对象构成了逻辑节点的所有内容，包含了逻辑节点的所有信息。例如逻辑节点保护跳闸 PTRC，如表 2-4 所示，它包含了保护跳闸的公用信息、控制信息、状态信息和定值信息，这些信息全部由数据对象组合而成。以状态信息为例，该逻辑节点包括了跳闸（Tr）、动作（Op）等数据对象 DO，其中跳闸（Tr）、动作（Op）两个数据对象包含内容相同，可以细分为：跳闸或启动（general）、该位置数据的品质（quality）和断路器变位时的时标（timestamp），这些细分的组成部分称之为数据属性（DA）。

表 2-4 逻辑节点保护跳闸 PTRC

属性名	属性类型	全称	M/O	中文语义
公用逻辑节点信息				
Mod	INC	Mode	M	模式
Beh	INS	Behaviour	M	行为
Health	INS	Health	M	健康状态
NamPlt	LPL	Name	M	逻辑节点铭牌
控制				
TrStrp	SPC	Trip strap	ESG	跳闸出口压板
StrBFStrp	SPC	Start breaker failure strap	ESG	启动失灵出口压板
BlkRecStrp	SPC	Block recloser starp	ESG	闭锁重合出口压板
状态信息				
Tr	ACT	Trip	M	跳闸
Op	ACT	Operate	M	动作
Str	ACD	Start	O	启动
StrBF	ACT	Start breaker failure	ESG	启动失灵
BlkRecST	SPS	Block reclosing	ESG	闭锁重合
定值信息				
TPTrMod	ING	Three Pole Trip Mode	ESG	三相跳闸模式
Z2BlkRec	SPG	Zone 2 fault blocking recloser	ESG	Ⅱ段保护闭锁重合闸
MPFltBlkRec	SPG	multi-phase fault blocking recloser	ESG	多相故障闭锁重合闸
Z3BlkRec	SPG	Zone 3 fault blocking recloser	ESG	Ⅲ段以上保护闭锁重合闸

注 M 为必选，O 为可选。ESG 为国网标准化中定义的定值。

由于跳闸（Tr）和动作（Op）这两个数据对象具有相同的数据属性，IEC 61850 标准对这些数据对象进行聚类抽象，定义了公用数据类（CDC），公用数据类实际上体现了一种模块化的设计思想，每一个公用数据类均是能够被多次重复使用的模块。例如跳闸（Tr）、动作（Op）同属于公用数据类中的 ACT，虽然所用场景与描述不同，但他们所包含的数据属性相同，便可以同时调用 ACT 这个公用数据类型。这种模块化的方案不仅可以减少相同数据定义的重复描述，提高使用效率，同时也可以大大减少代码量，使得最终的 SCL 配置文件更加精简。

IEC 61850-7-3 部分一共定义了 30 多种公用数据类，类似的 IEC 61850-7-3 部分也定义了 15 种统一定义数据属性类型 BDA，用于数据对象和数据属性的重复调用。

根据表 2-4，PTRC 中的 TrStrp 数据大约包含 20 个数据属性。如图 2-5 所示，这些数据属性可以分为以下几类。

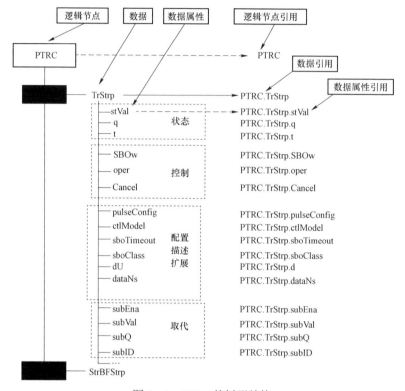

图 2-5　PTRC 的树形结构

状态类信息（status）：包括反映保护装置的状态值 stVal、该 stVal 的数据品质 q、以及动作的时标信息 t。数据品质 q 能够反映当前状态值 stVal 的有效性，时标 t 中记录了 stVal 上次改变的时间。

控制类信息（control）：包括用于保护装置动作的 SBOw、反映保护操作的 oper、保护装置动作取消的 Cancel。

取代：包含人工置数的信息，例如在工程调试中可以根据需要将断路器位置 stVal 人工置成合位或分位。

配置、描述和扩展信息：TrStrp 中还有几个数据属性用于配置具体操作细节，例如脉冲配置 pulseConfig（采用单脉冲还是持续脉冲、脉冲持续时间、脉冲的个数），还有操作模式 ctlModel 的选择（断路器控制有直接控制、带一般安全措施、带增强性安全措施等几种不同的操作模式）等。

从图 2-5 中可以看出，逻辑节点 PTRC 下面包含各种类型的数据，每个数据又包含若干数据属性。逻辑节点－数据－数据属性之间是一种树形结构，形成了"LD－LN－DO－DA"分层的数据模型。数据属性是该树形模型中最底层的组成部件。

二、IEC 61850 建模实例化及流程

之前详细阐述了 IEC 61850 信息模型的框架和各个组成部分，其最明显的特征就是面向对象的分层结构，通过构建数据属性、数据对象、逻辑节点、逻辑设备、服务器来完成变电站内 IED 设备的建模。下面以输电线路继电保护装置为例，介绍构建 IED 信息模型的一般方法和步骤，在实际的工程装置建模过程中考虑因素比较多且复杂，本节将 IED 进行简化，重点阐述整体的建模思路和方法，具体步骤包括确定 IED 装置功能、确定逻辑节点和数据、确定逻辑设备、确定服务器。

（一）确定 IED 装置功能

本节所建立的模型为 220kV 线路继电保护装置，该装置具备以下功能：

（1）保护功能，主保护为纵联差动保护，后备保护为三段式距离保护、四段式零序过流和零序反时限保护；

（2）重合闸功能（保护辅助功能）；

（3）测量功能（保护输入电流及电压采样值）；

（4）在线监测（温度、通道光强、电源电压）；

（5）保护录波功能（故障录波）；

（6）信息传输通道（纵联通道）；

（7）GOOSE/SV 过程层接口。

（二）确定逻辑节点和数据

逻辑节点是组成变电站信息模型的最小模块，每个逻辑节点代表了 IED 装置的某个具体的功能，多个逻辑节点一起协同工作，共同完成变电站内的保护、测量、控制以及其他功能。逻辑节点和它内部的数据等于建模的组件，在工程中构建 IED 信息模型其实就是从 IEC 61850 中选择合适的逻辑节点和数据，并赋予特定的实例值，进行组装工作。

通过第一步已经明确了线路保护应该具有的功能，要实现这些功能则需要选取相应的逻辑节点，根据 IEC 61850 标准中的 7－4 部分，依据 IED 装置的功能划分，判断标准中已有的逻辑节点逻辑节点类是否满足功能要求，如果满足则选用该逻辑节点类；若不满足则考虑按照标准规定的原则新建逻辑节点类，或者可以选用通用逻辑节点类（如 GGIO 或 GAPC）代替。新建逻辑节点类的名称，要符合标准所规定的逻辑节点组相关前缀的要求，不能与已经存在的逻辑节点类名称相冲突。通常

为了保证各个厂商 IED 之间的互操作性，一般不建议新建逻辑节点类。

根据本节第一步中确定的线路保护装置所具有功能，从 IEC 61850 - 7 - 4 标准中选取以下逻辑节点类。

（1）保护功能逻辑节点：PDIF（如差动保护），PDIS（距离保护），PTOC（零序保护），PTRC（保护跳闸）。其中 PDIS（距离保护）又可以分为后备三段距离保护，PDIS1、PDIS2、PDIS3；PTOC（零序保护）可以分为后备四段零序过流，ZeroPTOC1、ZeroPTOC2、ZeroPTOC3、ZeroPTOC4。

（2）重合闸功能逻辑节点：RREC（自动重合闸）。

（3）测量功能逻辑节点：MMXU（测量），TVTR（电压互感器），TCTR（电流互感器）。

（4）在线监测功能逻辑节点：STMP（温度监测），SCLI（通道光强监测），SPVT（电源电压监测），GGIO（告警）。

（5）保护录波功能逻辑节点：RDRE（故障录波）。

（6）信息传输通道逻辑节点：PSCH（纵联通道）。

（7）GOOSE/SV 过程层接口逻辑节点：PTRC（保护跳闸），GGIO（开关量输入）。

表 2-5 中列出了线路继电保护装置所有的逻辑节点。

表 2-5　　　　　　　　线路保护装置的逻辑节点列表

功能描述	兼容逻辑节点类	逻辑节点实例
基本逻辑节点	LLN0	LLN0
	LPHD	LPHD
纵联差动保护	PDIF	PDIF1
	PSCH	PSCH1
三段式距离保护	PDIS	PDIS1
		PDIS2
		PDIS3
四段式零序过流	PTOC	ZeroPTOC1
		ZeroPTOC2
		ZeroPTOC3
		ZeroPTOC4
零序过流反时限		ZeroPTOC5
保护跳闸	PTRC	PTRC1
模拟量测量	MMXU	MMXU1
		MMXU2
		MMXU3
		MMXU4

续表

功能描述	兼容逻辑节点类	逻辑节点实例
模拟量测量	TVTR	TVTR1
	TCTR	TCTR1
故障录波	RDRE	RDRE1
开关量输入	GGIO	GGIO1
告警		GGIO2
		GGIO3

　　确定了该 IED 包含的兼容逻辑节点之后,也就确定了该逻辑节点内所具有的兼容数据对象,同时最底层的数据属性也随之确定。逻辑节点内的兼容数据类分为必选(M/O=M)和可选(M/O=O)两类。"必选"数据是强制性的,兼容逻辑节点类的实例必须具有这些必选"数据;而"可选"数据则可以根据 IED 功能的实际情况决定取舍。另外如果"必选"和"可选"数据都无法满足 IED 的实际功能要求时,则需要根据 IEC 61850 对兼容数据类扩展的规定,创建新的数据。

　　实际上在工程实施中可以发现,IEC 61850 所定义的逻辑节点包含的数据对象有限,难以满足国产保护装置建模的需要,经常需要进行扩充。以差动保护逻辑节点 PDIF 为例,其中 TA 断线闭锁差动、TA 断线差流定值在兼容逻辑节点中不存在,需要依据标准进行扩充,如表 2-6 所示。需要注意,对逻辑节点扩充时要避免与已有的数据名重复,尽量采用公用数据类和基本数据类。

表 2-6　　　　　　　　　　差动保护逻辑节点 PDIF

PDIF			
属性名	属性类型(CDC)	说明	M/O
...	...	...	...
定值信息(Settings)			
...	...	...	...
TABlkEna	SPG	CT 断线闭锁差动	O
StrValTABrk	ASG	CT 断线差流定值	O
...	...	...	...

　　根据前面所述,公用数据类所包含的数据属性分为"必选""可选""有条件的必选"和"有条件的可选"等多种。因此在确定了各个逻辑节点的所有数据之后,还必须确定每个数据类中"可选"数据属性的取舍以及是否需要创建新的数据属性。

一般情况下 IEC 61850 标准中 7-3 部分中的公用数据类可以满足 IED 的建模要求，因此不宜扩充新的公用数据类。

综上所述，确定 IED 设备逻辑节点和数据这一步建模的流程如图 2-6 所示。

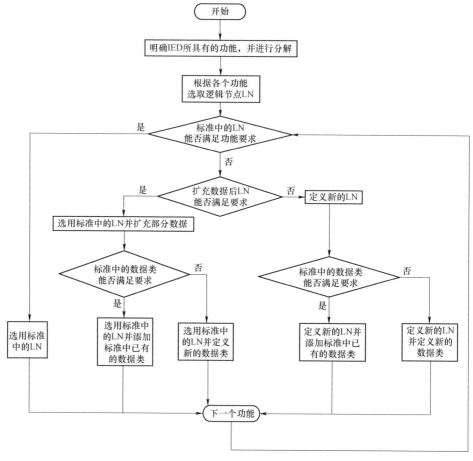

图 2-6 建模流程—确定逻辑节点和数据

（三）确定逻辑设备

确定完逻辑节点后，接下来需要将逻辑节点划分到逻辑设备中，根据 IED 的分层信息模型，逻辑设备包括了逻辑节点以及相关的服务。逻辑设备按照相关的功能进行划分，通常把那些具有公用特性的相关逻辑节点组合成一个逻辑设备。本节中所举的线路保护例子可以划分成为保护逻辑设备 PROT、故障录波逻辑设备 RCD、公共及开入逻辑设备 PIGO/PISV，如表 2-7 所示。

每个逻辑设备对象中必须包含 3 个逻辑节点：LLN0、LPHD 和其他应用逻辑节点。其中，LLN0 用于存放本逻辑设备的一些公共信息。LLN0 中含有各种数据集、报告控制块、日志控制块、定值组控制块等，此外还包括若干数据对象实例DOI；LPHD 含有与物理装置本身相关的信息。

表 2-7　　　　　　　　　　线路保护装置的逻辑设备

逻辑设备名	功能描述	包含的逻辑节点实例		
PROT	保护与测量	LLN0	LPHD1	PDIF1
				PDIS1
				ZeroPTOC1
				...
		LLN0	LPHD1	MMXU1
				MMXU2
				MMXU3
				MMXU4
PIGO	公用及开入	LLN0	LPHD1	GGIO1
				GGIO2
PISV				GGIO3
				GGIO4
RCD	故障录波	LLN0	LPHD1	RDRE1

（四）确定服务器

从 IED 的分层信息模型可知，一个服务器包含一个或多个逻辑设备。服务器描述了一个设备外部可视（可访问）的行为。本节采用的线路保护装置与站控层、过程层都包含了信息交互，因此将 PROT、RCD、PIGO、PISV 4 个逻辑设备分别建模到三个访问点下 S1（MMS服务）、G1（GOOSE 服务）和 M1（采样值服务），如图 2-7 所示。S1访问点下的服务器采用客户端/服务器通信模式，实现与站控层的信息交互；G1 访问点下的服务器采用发布方/订阅者通信模式中的 GOOSE

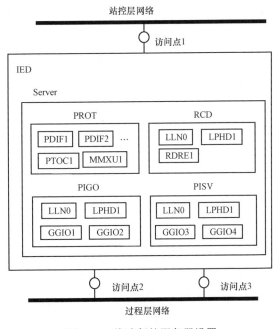

图 2-7　线路保护服务器设置

服务，实现过程层装置之间的信息交互；M1 访问点下的服务器采用发布方/订阅者通信模式实现保护装置电流电压采样值传输服务。

第二节　智能变电站二次物理回路模型

一、二次物理回路模型概念与构成

在第一章中我们提到智能变电站二次系统模型文件按照文件类别可以分为两类：二次系统信息模型和二次系统物理模型。上一节详细阐述了二次系统信息模型，也就是基于 IEC 61850 标准构建的 SCD、ICD、CID 等模型文件，但二次系统信息模型只描述了二次设备在通信和逻辑方面的特征，并没有对二次设备的物理特性及连接关系进行描述，在开展二次系统监视、巡视、检修等作业时会导致诸多不便。

智能变电站的二次回路包括逻辑回路和物理回路，逻辑回路主要是智能电子设备之间的信号连接关系，物理回路主要是设备之间物理端口通过电缆、光缆、尾缆、跳纤的连接关系。逻辑回路在物理回路上传输，物理回路是实现逻辑回路的媒介，逻辑回路和物理回路是智能变电站二次系统设计的核心部分。现阶段针对变电站二次系统的物理特性描述已经有了变电站物理配置描述文件（Substation Physical Configuration Description，SPCD），该模型文件详细地描述了智能变电站光纤回路特征，并提供了智能变电站光纤物理回路建模及虚实对应的方法，有效实现了光纤回路建模，为智能变电站光纤回路的可视化调试、监测、运维提供了坚实的模型支撑，推动了以光纤为主的智能变电站通信网络的技术发展。

然而，随着电网运行稳定性要求越来越高，为进一步提升变电站二次设备动作的可靠性，对继电保护装置采样和跳闸模式进行了调整，两者均采用"直采直跳"方式，信息传输模式也改为电缆传输，二次电缆在智能变电站中仍然占据着重要的位置，其比重不可忽视。同时随着电网数字化转型不断升级，对变电站二次系统可视化监测的要求也越来越高，现阶段只有针对变电站光纤回路的模型，建模内容与建模方法无法覆盖和满足所有变电站二次系统建模的要求。对于二次电缆回路描述的模型还存在空白，无法对二次电缆回路完成数字化升级，导致二次设备在线监视系统存在监测盲区，尤其面向重要的二次电缆控制回路，往往存在监视不到位、故障发生定位不精确等情况，严重影响运维检修效率，不利于变电站的安全稳定运行。

另外，目前变电站二次系统电缆回路信息仍采用原始 CAD 图纸承载，根据 CAD 图纸进行变电站工程移交，此移交模式不符合变电站的数字化移交理念。且变电站二次系统电缆回路信息采用 CAD 图纸描述存在图纸属性单一、数据交互困难、无法实现数据源端维护等问题，给变电站二次系统电缆回路后期运维以及高级应用带来了困难。

因此，面向变电站二次物理回路建立统一的模型可有效支撑智能变电站二次回路的可视化展示、监测、运维等工作。对于推动电网二次专业智能可靠、提质增效具有十分重要的意义。

（一）变电站二次物理回路模型概念

变电站二次物理回路模型描述了变电站二次系统设备的层次结构、电缆回路连接和光纤回路连接。采用面向对象方式，抽象二次设备的物理属性和逻辑功能，建立了适用于所有二次设备和二次回路的建模方法。该模型适用于变电站二次设备、二次屏柜、二次元件、二次电缆回路的研发、设计、制造、检测和工程应用。

前文我们阐述过变电站二次系统信息模型为分层结构，从顶层到底层分别为：服务器－逻辑设备－逻辑节点－数据对象－数据属性，类似的，二次物理回路模型同样采用分层结构，按照变电站实际物理构成进行构建，从顶层到底层分别为：变电站－小室－屏柜－装置－元件，从而完成对变电站整个二次系统的物理性描述，如图 2-8 所示。

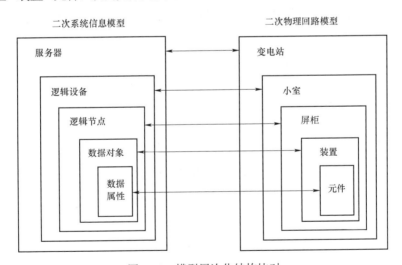

图 2-8　模型层次化结构比对

变电站二次物理回路模型采用 XML 格式进行编制，能够与二次信息模型文件保持一致性和扩展性，对二次物理回路模型文件内容做如下定义。

（1）单设备二次系统物理回路配置描述文件（Unit Loop configuration description file）。采用 XML 文件格式，描述单个设备板卡、端口以及内部原理连接关系配置文件，简称 ULCD 文件。

（2）屏柜二次系统物理回路配置描述文件（Cabinets Loop configuration description file）。采用 XML 文件格式，描述屏柜二次系统物理回路的配置文件，简称为 CLCD 文件。

（3）变电站二次系统物理回路配置描述文件（Substation Loop configuration description file）。采用 XML 文件格式，描述全站二次系统物理回路的配置文件，简称为 SLCD 文件。

需要说明的是，三个文件存在着嵌套关系，ULCD 文件为最小的单元模型，多个 ULCD 文件构成 CLCD 文件，而多个 CLCD 文件构成 SLCD 文件。

（二）变电站二次物理回路模型格式

变电站二次物理回路模型建立基于 XML 语言，在实际的编制过程中需要对整个文档结构进行规定，因此定义二次系统物理回路配置描述语言（Substation Loop Configuration Language，SLCL），其结构与 IEC 61850 的变电站 SCL 结构保持一致，ULCD、CLCD、SLCD 模型文件均采用二次系统物理回路配置描述语言建模。

1. ULCD 文件格式

ULCD 文件描述了变电站二次系统单个物理装置的特征和组成。其中，SLCL 为二次系统电缆回路配置描述语言，SLCL 为 ULCD 文件的根元素，根元素下仅包括一个设备元素（Unit 元素），如图 2-9 所示。

图 2-9　ULCD 文件格式

其中 Unit 元素表示变电站二次系统的某一个物理设备，描述该设备的二次回路模型。Unit 元素为二次物理回模型的最小组成单元，与二次系统信息模型中的逻辑节点类似，它可以分解成更小的组成部件，例如一个物理设备 Unit 可以包含多个 Board 元素、Lamp 元素、Terminal 元素以及 Relay 元素。也就是说二次物理回路模型最小的组成部分为电线、线圈以及相关的辅助节点等，这与变电站常规的二次系统设计图纸保持一致，即设计图纸中的基本图元属性。

要对设备元素 Unit 进行物理描述，就要对模型进行属性定义，如表 2-8 所示，Unit 元素包含以下属性。

（1）name：该属性是设备的名称，其定义要与二次设备相关的命名规范保持一致，属性类型为字符串，例如"220kV 正阳线线路保护"，该属性为设备元素的必选项。

表 2-8 　　　　　　　　　　　　　设备类模型属性定义

属性名称	属性说明	属性值类型	值范围或值说明	M/O
name	设备名称	String	取屏柜中设备名称	M
desc	设备描述	String	取屏柜中设备描述	M
iedName	设备对应到 SCD 文件中的名称	String	取 SCD 文件中设备名称	O
type	设备型号	String	设备型号	O
	设备厂家			
class	设备类型	Enum	设备类型包括以下枚举：P（保护）、C（测控）、M（合并单元）、I（智能终端）、SWI（交换机）、ST（安稳）、SA（采集单元）、MA（管理机）、ODF（光纤配线架）	M
pos	设备位置	String	设备在屏柜中的位置描述，格式为"[F+层级]-[U+层级]-[L+层级]"。其中，用 F 表示从前往后排列，只存在 3 层，1 表示屏柜正面、2 表示屏柜中间、3 表示屏柜背面，用 U 表示从上往下排列，用 L/M/R 表示左中右对齐方式，[层级]用数字表示从屏柜此方向上排列元件或设备的顺序	O
hight	设备尺寸-高	Int32	设备高度采用 U 为度量单位，如描述设备高度为 1U，该属性值为 1	O
wide	设备尺寸-宽	Enum	设备宽的尺寸，枚举如下：1、1/2、1/3；分别表示设备的全宽，半宽，1/3 宽	O

（2）desc：该属性是设备描述，对物理设备的一个功能性的描述，例如"线路保护""故障录波"等，该属性为设备元素的必选项。

（3）iedName：该属性是设备在 SCD 文件中的命名，例如某线路保护在 SCD 中的名称为"PL2201"，该属性用于与 SCD 文件形成统一命名，用于互相调用，该属性只在需要开展与 SCD 文件交互时使用，是非必选项。

（4）type：该属性是设备型号，描述了物理设备的具体型号，例如某线路保护为"RCS-931"，该属性为设备元素的非必选项。

（5）class：该属性是设备类型，描述了设备的所属功能类，该模型按照设备的功能进行分类，共分为 9 大类，分别为：P（保护）、C（测控）、M（合并单元）、I（智能终端）、SWI（交换机）、ST（安稳）、SA（采集单元）、MA（管理机）、ODF（光纤配线架），该属性为枚举类型，属于哪一类则采用相应类别的字母缩写。该属性为设备元素的必选项。

（6）pos：该属性是设备的位置，描述了物理设备在屏柜内部的空间位置。格式为"[F+层级]-[U+层级]-[L+层级]"。其中，用 F 表示从前往后排列，只存在 3 层，1 表示屏柜正面、2 表示屏柜中间、3 表示屏柜背面，用 U 表示从上往下排列，用 L/M/R 表示左中右对齐方式，[层级]用数字表示从屏柜此方向上排列元件或设备的顺序。例如某一个继电保护装置的 pos 为：[F+1]-[U+3]-[L+1]，则表示了该装置在屏柜的正面,从上面向下数第 3 排,左边第 1 个,如图 2−10 所示。该属性为设备元素的非必选项,主要应用于二次设备三维建模。

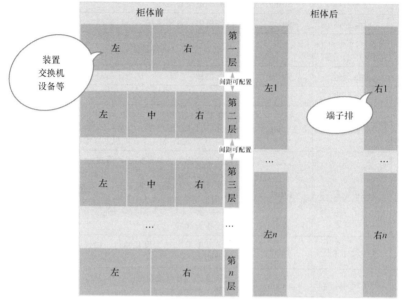

图 2−10 设备空间属性

(7)hight:该属性是设备的高度,描述了物理设备的空间高度,模型采用统一的 U 为度量单位,如描述设备高度为 1U,该属性值为 1。该属性为设备元素的非必选项。

(8)wide:该属性是设备的宽度,描述了物理设备的空间宽度,采用枚举类型,1、1/2、1/3 分别表示设备宽的全宽、半宽、1/3 宽。该属性为设备元素的非必选项。

如上所述,一个物理设备 Unit 可以包含多个 Board(板卡)元素、Lamp 元素(指示灯)、Terminal(端子)元素以及 Relay(继电器)元素,其中 Board 元素属性定义如表 2−9 所示。

Board 元素表示设备板卡,设备板卡元素包含多个 Terminal(端子)元素或 Port(端口)元素,其层级结构如图 2−11 所示。

1)name:该属性是板卡的名称,一般为板卡的编号,该属性为板卡元素的必选项。

2)desc:该属性是板卡的描述,对板卡进行功能描述,该属性为板卡元素的必选项。

```
<Board ...>
  <Terminal1 .../>
  <Terminal2 .../>
  ...
  <Port1 ./>
  <Port2 ./>
  ...
</Board>
```

图 2−11 Board 元素层级结构

3）type：该属性是板卡的型号，该型号由板卡厂家提供，为板卡元素的非必选项。

4）class：该属性是板卡的类型，该模型对板卡类型进行分类，共分为 7 大类，采用枚举类型，分别为：I/O（开入开出板卡）、L（光口板卡）、P（电源板卡）、T（通信板卡）、A（模拟量输入板卡）、A－P（模拟量和电源混合板卡）、L－T（光口与通信混合板卡）。该属性为板卡元素的必选项。

5）hight：该属性是板卡的高度，模型用采用统一的 U 为度量单位，如描述板卡高度为 1U，该属性值为 1。该属性为板卡元素的非必选项。

6）wide：该属性是板卡的宽度，板卡宽度采用 T 为度量单位，如描述板卡宽度为 2T，该属性值为 2。该属性为设备元素的非必选项。

表 2－9　　　　　　　　　　板卡类模型建模属性定义

属性名称	属性说明	属性值类型	值范围或值说明	M/O
name	板卡名称	String	取设备板卡编号	M
desc	板卡描述	String	取设备板卡描述	M
type	板卡型号	String	厂家型号	O
class	板卡类型	Enum	板卡类型包括以下枚举：I/O（开入开出板卡）、L（光口板卡）、P（电源板卡）、T（通信板卡）、A（模拟量输入板卡）、A－P（模拟量和电源混合板卡）、L－T（光口与通信混合板卡）	M
hight	板卡尺寸－高	Int32	板卡高度采用 U 为度量单位，如描述板卡高度为 1U，该属性值为 1	O
wide	板卡尺寸－宽	Int32	板卡宽度采用 T 为度量单位，如描述板卡宽度为 2T，该属性值为 2	O

Terminal 元素为端子描述，其定义如表 2－10 所示。需要注意的是板卡的端子类型定义了 7 种，为枚举类型，分别为：V（电压端子）、I（电流端子）、KR（开入端子）、KC（开出端子）、485（485 端子）、P（电源端子）、Q（其他）。该属性为设备元素的必选项。

表 2－10　　　　　　　　　　板卡端子类模型建模属性定义

属性名称	属性说明	属性值类型	值范围或值说明	M/O
name	端子名称	String	取板卡端子编号	M
desc	端子描述	String	取板卡端子描述	M
class	端子类型	Enum	端子类型包括以下枚举：V（电压端子）、I（电流端子）、KR（开入端子）、KC（开出端子）、485（485 端子）、P（电源端子）、Q（其他）	M

另外还有物理设备的指示灯 Lamp 元素，该元素的属性定义与板卡的定义相同，只不过更为简单，缺少了类型的描述，如表 2-11 所示。

表 2-11　　　　　　　　　　指示灯类模型建模属性定义

属性名称	属性说明	属性值类型	值范围或值说明	M/O
name	指示灯名称	String	—	M
desc	指示灯描述	String	—	M
pos	指示灯在前面板的位置	String	指示灯在前面板的位置，格式为"[U+层级]-[L+层级]"。用 U 表示从上往下排列，L 表示从左往右排列。层级为该方向的排列顺序	O

2. CLCD 文件格式

CLCD 文件是变电站屏柜的二次物理回路模型文件，屏柜二次物理回路模型文件的根元素为 SLCL，表示屏柜二次物理回路模型文件的语言格式为二次物理回路配置描述语言，一个屏柜二次物理回路模型文件根元素仅包括一个二次屏柜信息元素（Cubicle），如图 2-12 所示。

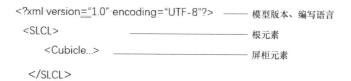

图 2-12　CLCD 文件格式

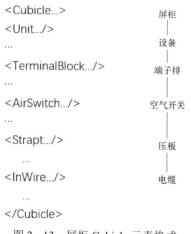

图 2-13　屏柜 Cubicle 元素格式

上述已经说明二次物理回路模型各层级之间为嵌套关系，Cubicle 元素表示二次屏柜，而屏柜 Cubicle 元素中则包含多个设备 Unit 元素，同时还包含与设备同一层级的 TerminalBlock 元素（端子排）、AirSwitch 元素（空气开关）、Strap 元素（压板）、ChangeSwitch 元素（转换开关）、ResetButton 元素（复归按钮）、Component 元素（组件）和 InWire 元素（二次电缆），它们之间的层级关系如图 2-13 所示。

屏柜 Cubicle 元素的属性定义如表 2-12 所示，需要注意的是除了上述基本的"name""desc"

等属性外，屏柜的类型分为了 P（一次屏柜）、S（二次屏柜），用以区分屏柜类型，同时对屏柜的空间尺寸及颜色也做了相应的规定。

表 2-12　　　　　　　　　　　　屏柜类模型建模属性定义

属性名称	属性说明	属性值类型	值范围或值说明	M/O
name	屏柜名称	String	取屏柜编号	M
desc	屏柜描述	String	取屏柜描述	M
type	屏柜型号	String	厂家屏柜型号	O
class	屏柜类型	Enum	屏柜类型包括以下枚举：P（一次屏柜）、S（二次屏柜）	M
hight	屏柜尺寸-高	Int32	屏柜高度采用 mm 为度量单位	O
wide	屏柜尺寸-宽	Int32	屏柜宽度采用 mm 为度量单位	O
length	屏柜尺寸-长	Int32	屏柜长度采用 mm 为度量单位	O
color	屏柜颜色	String	采用三色素方式描述屏柜颜色格式为（R，G，B）	O

　　TerminalBlock 元素表示端子排模型。TerminalBlock 元素包含若干个 CTerminal 元素。需要说明的是，由于二次电缆所连接的两端端子属于不同类型的部件，因此需要对端子类型进行区别，CTerminal 元素代表的是端子排侧端子，DTerminal 元素代表的为器件侧端子，器件通常包括二次压板、空气开关、转换开关、复归按钮等。TerminalBlock 元素、CTerminal 元素和 DTerminal 元素的定义如表 2-13 至表 2-15 所示。其中端子排的类型包括了 V（电压）、I（电流）、I/O（开入/开出）3 类端子，其他属性与上述相同。

表 2-13　　　　　　　　　　　　端子排类模型建模属性定义

属性名称	属性说明	属性值类型	值范围或值说明	M/O
name	端子排编号	String	端子排编号	M
desc	端子排描述	String	端子排描述	O
class	端子排类型	Enum	端子排枚举：V（电压）、I（电流）、I/O（开入/开出）	M
pos	端子排位置	String	端子排在屏柜中的位置描述，格式为"[F+层级]-[U+层级]-[L+层级]"。其中，用 F 表示从前往后排列，只存在 3 层，1 表示屏柜正面、2 表示屏柜中间、3 表示屏柜背面，用 U 表示从上往下排列，用 L/M/R 表示左中右对齐方式，[层级]用数字表示从屏柜此方向上排列元件或设备的顺序	O

表 2-14 　　　　　　　　　端子排端子模型建模属性定义

属性名称	属性说明	属性值类型	值范围或值说明	M/O
name	端子排端子编号	String	端子排编号	M
desc	端子排端子描述	String	端子排端子描述	O
class	端子排端子类型	Enum	端子排端子枚举：V（电压端子）、I（电流端子）、P（电源端子）、I/O（开入开出端子）	M
matchTer	配对端子	String	表示该端子与哪一个端子为一组，值为端子编号	O
djTer	短接端子	String	端子与端子的短接关系，值为端子编号	O

表 2-15 　　　　　　　　　器件端子模型建模属性定义

属性名称	属性说明	属性值类型	值范围或值说明	M/O
name	器件端子编号	String	器件端子编号	M
desc	器件端子描述	String	器件端子描述	O
matchTer	配对端子	String	表示该端子与哪一个端子为一组，值为端子编号	O
djTer	短接端子	String	端子与端子的短接关系，值为端子编号	O

其他同级别的元素在属性定义方面具有一致性，只不过在类型方面有所区别。AirSwitch 元素表示空气开关模型，Strap 元素表示压板模型，ChangeSwitch 元素表示转换开关模型，ResetButton 元素表示复归按钮。AirSwitch 元素包含若干个DTerminal 元素。其中空气开关的枚举类型包括：1P、2P、3P、4P。压板的枚举类型包括：C（圆形压板）和S（方形压板）。同时由于压板的功能不同，其颜色也会有差别，所以定义压板的颜色按照（R，G，B）类型来规定。表 2-16、表 2-17 表示了具有代表性的空气开关和压板的属性定义。

表 2-16 　　　　　　　　　空气开关类模型建模属性定义

属性名称	属性说明	属性值类型	值范围或值说明	M/O
name	空气开关编号	String	空气开关编号	M
desc	空气开关描述	String	空气开关描述	O
class	空气开关类型	Enum	空气开关枚举：1P、2P、3P、4P	M
pos	空气开关位置	String	空气开关在屏柜中的位置描述，格式为"[F+层级]－[U+层级]－[L+层级]"。其中，用 F 表示从前往后排列，只存在 3 层，1 表示屏柜正面、2 表示屏柜中间、3 表示屏柜背面，用 U 表示从上往下排列，用 L/M/R 表示左中右对齐方式，[层级]用数字表示从屏柜此方向上排列元件或设备的顺序	O

表 2-17　　　　　　　　　　　　压板类模型建模属性定义

属性名称	属性说明	属性值类型	值范围或值说明	M/O
name	压板编号	String	压板编号	M
desc	压板描述	String	压板描述	O
class	压板类型	Enum	压板枚举：C（圆形压板）、S（方形压板）	M
color	压板颜色	String	（R，G，B）	O
pos	压板位置	String	压板在屏柜中的位置描述，格式为"[F+层级]-[U+层级]-[L+层级]"。其中，用 F 表示从前往后排列，只存在 3 层，1 表示屏柜正面、2 表示屏柜中间、3 表示屏柜背面，用 U 表示从上往下排列，用 L/M/R 表示左中右对齐方式，[层级]用数字表示从屏柜此方向上排列元件或设备的顺序	O

　　Inwire 元素表示屏柜内电缆连接线。Inwire 元素定义了二次系统的回路连接情况，是十分重要的组成部分。Inwire 元素由起始端、终点端的端子属性来确定，因此其属性定义包括了电缆两端的定义、电缆型号、回路编号以及回路的功能说明，如表 2-18 所示。

　　（1）TerminalA：该属性表示了电缆连接端子 A 的路径，其引用的方式为："Unit name.Board name.Terminal name"。该属性为必选项。

　　（2）TerminalB：该属性表示了电缆连接端子 B 的路径，其引用的方式为："Unit name.Board name.Terminal name"。该属性为必选项。

　　（3）type：该属性表示了电缆的型号。

　　（4）loopFun：该属性是对二次回功能的说明，例如"电流采样回路"或"A 相跳闸回路"等。

　　（5）loopNum：该属性是二次回路的编号，按照二次回路命名规则进行定义，例如 A 相电压回路"A631"。

表 2-18　　　　　　　　　　　电缆连接线模型建模属性定义

属性名称	属性说明	属性值类型	值范围或值说明	M/O
name	屏柜内电缆编号	String		M
TerminalA	电缆连接端子 A 的路径	String	端子 A 的路径格式为"Unit name.Board name.Terminal name"	M
TerminalB	电缆连接端子 B 的路径	String	端子 B 的路径格式为"Unit name.Board name.Terminal name"	M
type	电缆型号	Enum	YJV、BV、BLV	O
loopFun	回路说明	String	二次回路功能说明	O
loopNum	回路编号	String	二次回路编号	O

3. SLCD 文件格式

SLCD 文件描述了变电站的二次物理回路模型，它包括了屏柜以及设备的二次物理回路模型。变电站二次系统物理回路模型文件的根元素为 SLCL，一个变电站二次系统电缆回路模型文件根元素仅包括一个 Substation 元素。其文件结构如图 2-14 所示。

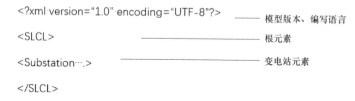

图 2-14　SLCD 文件格式

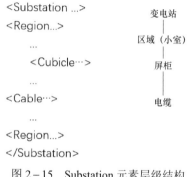

图 2-15　Substation 元素层级结构

Substation 元素表示变电站，Substation 元素包含多个 Region 元素（区域）和多个 Cable 元素（电缆连接）。其中 Region 元素主要表示了一座变电站中的某个电压等级区域，也可以理解为某个电压等级的二次小室，例如一个 500kV 变电站可以分为：500kV 区域、220kV 区域、110kV 区域和 10kV 区域。Cable 元素则表示了各个区域小室内部屏柜之间的电缆连接。因此，可以看出 Region 元素涵盖了二次屏柜 Cubicle 元素以及内部设备，总体的层级结构如图 2-15 所示。

Substation 元素模型的属性定义如表 2-19 所示，包括了区域的名称（name）、描述（desc）、标识（area）和电压等级（volt），其中标识（area）属性确定了该区域是开关厂还是二次小室，若该值为 1 则为开关场，若该值为 2 则为二次小室。

表 2-19　　　　　　　　　变电站区域模型建模属性定义

属性名称	属性说明	属性值类型	值范围或值说明	M/O
name	区域名称	String		M
desc	区域描述	String		M
area	区域标识	Enum	1 为开关场，2 为二次小室	M
volt	区域电压等级	String	电压等级。数字和英文字符组成	M

Cable 元素表示屏柜间的电缆，它描述了二次小室内各个屏柜之间的电缆连接关系，Cable 元素包含多个 Wire 元素，描述了各个电缆芯的起始和终点。两者都需要通过连接的两端信息来进行标识，如表 2－20 所示，Cable 元素属性描述如下。

（1）name：描述了屏柜间的电缆编号。

（2）desc：二次电缆的描述。

（3）coreNum：描述电缆的芯数。

（4）length：描述电缆的长度。

（5）CubicleA：电缆连接屏柜 A 的路径，其引用方式为："Region name.Cubicle name"。

（6）CubicleB：电缆连接屏柜 B 的路径，其引用方式为："Region name.Cubicle name"。

（7）type：描述电缆的类型。

对于电缆芯则需要区分该电缆芯是否为备用芯，即"reserve"属性，true 表示备用，false 表示非备用，如表 2－21所示。

表 2－20　　　　　　　　　　　电缆模型建模属性定义

属性名称	属性说明	属性值类型	值范围或值说明	M/O
name	屏柜间电缆编号	String		M
desc	电缆描述	String		M
coreNum	芯数	Int32		M
length	电缆长度	Int32	单位 m	O
CubicleA	电缆连接屏柜 A 的路径	String	屏柜 A 的路径格式为"Region name.Cubicle name"	M
CubicleB	电缆连接屏柜 B 的路径	String	屏柜 B 的路径格式为"Region name.Cubicle name"	M
type	电缆类型	Enum	DL（电缆）	M

表 2－21　　　　　　　　　　　电缆芯模型建模属性定义

属性名称	属性说明	属性值类型	值范围或值说明	M/O
no	电缆芯编号	Int32	从 1 开始编号，在 Cable 元素下唯一	M
reserve	备用	String	true 表示备用，false 表示非备用	M
TerminalA	电缆芯连接端子 A 路径	Sring	端口 A 的路径格式为 "Unit name.Board name.Terminal name"	M
TerminalB	电缆芯连接端子 B 路径	String	端口 B 的路径格式为 "Unit name.Board name.Terminal name"	M

我们可以清楚地看到二次系统物理回路模型是一种典型的分层结构,它能够清晰地表达变电站二次系统内各个设备之间的关系,总体的结构及模型代码如图 2-16、图 2-17 所示。

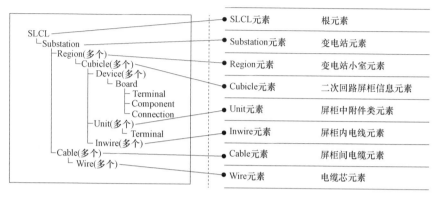

图 2-16　二次物理回路模型层级结构

二、模型命名与回路编码

(一)二次系统物理回路模型文件命名

1. ULCD 文件命名要求

ULCD 文件的命名规则为"文件名.ulcd",如图 2-18 所示。文件名应包含设备型号、ULCD 文件版本号和 ULCD 文件校验码三部分,以半角字符中短横线("-")连接,各部分编写规则如下。

(1)设备型号描述实际物理设备型号。

(2)ULCD 文件版本号描述 ULCD 文件的历史变更情况,应具备唯一性,依据"V1.00"的格式编写,并由制造商顺序编号、管理。

(3)CRC-32 校验码计算序列使用 ULCD 文件的全文内容。CRC 参数如下。

1)CRC 比特数 Width:32。

2)生成项 Poly:04C11DB7。

3)初始值 Init:FFFFFFFF。

4)待测数据是否颠倒 RefIn:True。

5)计算值是否颠倒 RefOut:True。

6)输出数据异常或 XorOut:FFFFFFFF。

7)字串"123456789abcdef"的校验结果 Check:A2B4FD62。

(4)若需改 ULCD 文件名时,应在满足上述要求的基础上新添信息。

```xml
<?xml version="1.0" encoding="UTF-8"?>
<SLCL>
<Substation name="LS220" desc="灵寿220KV变电站">
  <Region  name="R2201" desc="220KV线路小室"type="Indoor">
    <Cubicledesc="220线路智能控制柜" name="R220#01_1P">
      <Unit desc="220KV线路智能终端A" name="IL2203A" type="" pos="">
        <Borad name="X16" desc="跳闸插件" class="E" type="">
         <Terminal name="c2" desc="跳闸出口+" class =""  />
          …
      </Borad>
…
 <Component  name="CPU1" class="CPU" desc="CPU信号采集" type="">
        <Terminal name="1" desc=""class =""  />
        <Terminal name="2" desc=""class =""  />
        <Terminal name="3" desc=""class =""  />
        <Terminal name="4"desc=""class =""  />
        <Terminal name="5" desc=""class =""  />
</Component>
        …
<Component  name="FL1" class="diode" desc="" type="">
        <Terminal name="1" desc=""class =""  />
        <Terminal name="2" desc=""class =""  />
</Component>
        …
<Component  name="Ra" class="res"desc="" type="">
        <Terminal name="1" desc=""class =""  />
        <Terminal name="2" desc=""class =""  />
    </Component>
        …
    <Component  name="La" class="Light" desc="" type="">
        <Terminal name="1" desc=""class =""  />
        <Terminal name="2" desc=""class =""  />
    </Component>
        …
    <Component name="TBJa" desc="跳A相继电器" class="relay" desc="" type="">
        <Component name="TBJa-Switch" desc="" class="">
            <Terminal name="1" desc=""class =""  />
            <Terminal name="2" desc=""class =""  />
</Component>
<Component name="TBJa-Coil" desc="" class="">
        <Terminal name="1" desc=""class =""  />
        <Terminal name="2" desc=""class =""  />
</Component>
```

图 2-17　二次物理回路模型代码

图 2－18　ULCD 文件命名规则示意图

2. CLCD 文件命名要求

CLCD 文件的命名规则为"文件名.clcd"，如图 2－19 所示。文件名应包含屏柜型号、CLCD 文件版本号和 CLCD 文件校验码三部分，以半角字符中短横线（"－"）连接，各部分编写规则如下。

（1）屏柜型号描述实际物理屏柜型号。

（2）CLCD 文件版本号描述 CLCD 文件的历史变更情况，应具备唯一性，依据"V1.00"的格式编写，并由制造商顺序编号、管理。

（3）CRC－32 校验码计算序列使用 ULCD 文件的全文内容。CRC 参数同上述中相关要求。

3. SLCD 文件命名要求

SLCD 文件的命名规则为"文件名.slcd"，如图 2－20 所示。文件名应包含电网地区简称、变电站电压等级、变电站调度名称、SLCD 文件版本号和 SLCD 文件校验码五部分，以半角字符中短横线（"－"）连接，各部分编写规则如下。

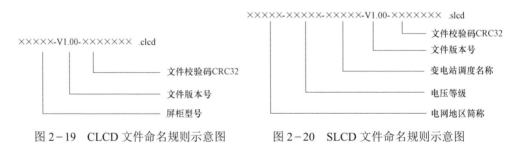

图 2－19　CLCD 文件命名规则示意图　　　　图 2－20　SLCD 文件命名规则示意图

（1）变电站所属电网地区简称应遵循《GB/T 33601—2017 电网设备通用模型数据命名规范》要求。

（2）变电站电压等级编号原则建表 2－22。

（3）变电站名称应采用变电站调度命名，在同一地区相同电压等级内应唯一。

（4）SLCD 文件版本号描述了该 SLCD 文件的历史变更情况，应具备唯一性，依据"V1.00"的格式编写；CRC－32 校验码的计算序列使用 SLCD 文件的全部内容。CRC 参数同上述中相关要求。

表 2-22　　　　　　　　　　　　　　变电站电压等级编号

变电站电压等级（kV）	编号	变电站电压等级（kV）	编号
750	75	66	66
500	50	35	35
330	33	20	20
220	22	10	10
110	11		

（二）二次系统物理回路编码

由上述各个二次物理回路模型文件的属性描述中可知,无论是端子排描述还是电缆、缆芯描述,它们都存在着回路号的属性,但是在实际的工程设计中,由于各个设计院的设计习惯不同,在进行电气二次系统设计的过程中都形成了各自的命名规则,并沿用至今。所以这种未统一的二次回路的命名规则给后期的模型描述带来了很大的困难,因此十分有必要对二次物理回路编码进行统一。

由于二次物理回路编码涉及的回路繁多,包括了直流回路、交流回路、保护回路、录波回路等,在本书的正文部分仅以直流电源、交流电压回路和屏柜间的交流电压回路为例进行说明。

1. 直流电源回路编码

保护电源命名格式为"+BM*"和"−BM*",其中*为罗马数字排序,示例如下:

第一组保护电源:+BMⅠ、−BMⅠ。

第二组保护电源:+BMⅡ、−BMⅡ。

第一组控制电源（空开上口）:+KMⅠ、−KMⅠ。

第二组控制电源（空开上口）:+KMⅡ、−KMⅡ。

第一组控制电源（空开下口）:101、102。

第二组控制电源（空开下口）:201、202。

2. 交流电压回路编码

500kV 线路 TV 对应保护Ⅰ为 651,保护Ⅱ为 652,测量为 653,计量为 654。

220kVⅠ母 A 段对应保护Ⅰ为 610Ⅰ,保护Ⅱ为 630Ⅰ,测量为 650Ⅰ,计量为 670Ⅰ;

220kVⅠ母 B 段对应保护Ⅰ为 620Ⅰ,保护Ⅱ为 640Ⅰ,测量为 660Ⅰ,计量为 680Ⅰ;

220kVⅡ母 A 段对应保护Ⅰ为 610Ⅱ,保护Ⅱ为 630Ⅱ,测量为 650Ⅱ,计量为 670Ⅱ;

220kVⅡ母 B 段对应保护Ⅰ为 620Ⅱ,保护Ⅱ为 640Ⅱ,测量为 660Ⅱ,计量为 680Ⅱ；

110kVⅠ母对应保护Ⅰ为 610，保护Ⅱ为 630，测量为 650，计量为 670；

110kVⅡ母对应保护Ⅰ为 620，保护Ⅱ为 640，测量为 660，计量为 680；

66kV（35kV、10kV）Ⅰ段母线对应保护为 630Ⅰ，测量为 650Ⅰ，计量为 670Ⅰ；

66kV（35kV、10kV）Ⅱ段母线对应保护为 630Ⅱ，测量为 650Ⅱ，计量为 670Ⅱ；

66kV（35kV、10kV）Ⅲ段母线对应保护为 630Ⅲ，测量为 650Ⅲ，计量为 670Ⅲ。

电压回路命名格式如下：X（或 X'）-P***，

其中：X、X'代表不同的安装单位编号，如 1W，1B，1M 等，P 代表相别，"***"表示回路编号。

线路用 W，主变用 B，母线用 M。

示例如下：

主电压：1M-A652、1M-B652、1M-C652、1M-N600。

同期电压：1W-B652、1W-N600。

3. 屏柜间的交流电压回路编码：

编号区段固定为 131～139。

131：一般为保护装置电压，双套及以上保护配置时，不同保护柜以 131A、131B、131C 等区分，同一保护柜有两根以上电压电缆时，增加罗马字母区分。

如：131AⅠ代表相电压电缆、131AⅡ代表零序电压电缆。

对于 500kV 断路器保护：131Ⅰ代表主电压电缆、131Ⅱ代表同期电压电缆。

主变保护涉及三个电压等级，宜再增加后缀区分三侧，如 131AW 代表 A 柜 500kV 侧电压电缆，131AⅠE 代表 A 柜 220kV 侧相电压电缆，131AⅡE 代表 A 柜 220kV 侧零序电压电缆等。

132：一般为测控装置电压，同一测控装置有两根以上电压电缆时，增加罗马字母区分。

如：500kV 断路器测控：132Ⅰ代表主电压电缆、132Ⅱ代表同期电压电缆。

主变保护涉及三个电压等级，宜增加后缀区分三侧，如 132W 代表测控 500kV 侧电压电缆，132E 代表测控 220kV 侧电压电缆，132U 代表测控低压侧电压电缆。

133：一般为计量电压。

主变保护涉及三个电压等级，宜增加后缀区分三侧，编号与测控类似。

134～138：用于其他装置如故障测距、功角测量等。

139：当安装单位属于线路或主变时，建议固定为故障录波器用，与 149 电缆对应；当安装单位属于故障录波器时，电压电缆编号仍以 131 开头。

第三章

二次系统物理模型配置技术

第一节　二次系统物理回路模型配置技术

一、电气二次系统图纸识别技术

（一）二次物理回路模型配置流程

由于二次物理回路模型描述了变电站所有的二次设备及光纤、电缆回路，因此它不仅适用于智能变电站，也覆盖了常规变电站，在应用过程中针对不同类型的变电站有不同的配置流程，如图 3-1 所示。

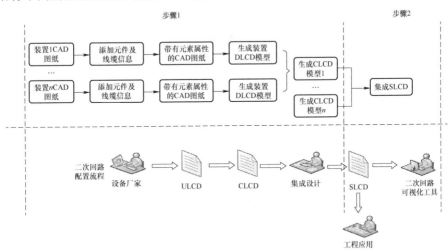

图 3-1　SLCD 文件配置流程示意图

对于新建变电站，二次物理回路配置流程如下。

（1）设备制造阶段应通过 ULCD 配置工具配置 ULCD 文件，ULCD 文件中包含单设备的板卡、端口，二次电缆连接关系等物理能力描述信息。

（2）系统集成阶段应通过 CLCD 配置工具导入 ULCD 文件，完成屏柜二次电缆回路的配置，并形成 CLCD 文件。

（3）设计单位将厂家提供的 CLCD 文件导入到全站二次电缆回路配置工具中，完成全站二次电缆回路的配置，并形成 SLCD 文件。

对于存量变电站，由于不存在多家单位，因此只能依靠设计集成单位进行二次物理回路模型的搭建。由于二次物理回路模型与传统的二次电气图纸具有一致性，因此可以根据变电站的二次电气 CAD 图纸进行模型的建立，具体流程如下。

（1）首先根据变电站二次电气 CAD 图纸，选取所有的二次设备的图纸进行备用。

（2）根据上述 ULCD 文件各项属性的内容，对所有二次设备图纸进行元件属性的添加，同时添加二次设备之间连接属性，进而生成装置的物理回路模型文件 ULCD。

（3）根据上述 CLCD 文件各项属性的内容，对屏柜内部的各个元件进行属性添加，同时添加二次屏柜端子排的电缆连接关系，进而生成各个屏柜的物理回路模型文件 CLCD。

（4）根据上述 SLCD 文件各项属性的内容，对各个屏柜之间的电缆连接进行描述，整合所有小室和屏柜模型信息，进而生成最终的变电站物理回路模型文件 SLCD，供变电站二次业务使用。

（二）电气二次 CAD 图纸识别技术

第二章的第二节详细描述了变电站二次物理回路模型的各个元素与构成情况，同时针对新建变电站与存量变电站的模型文件配置流程也进行了说明，可以看出变电站二次物理回路模型包含了变电站内所有的二次设备及回路，其构成复杂且体量较大，因此如果依靠人工按照变电站实际情况去建立模型，工作量将会非常巨大，无法将二次物理回路模型进行大范围推广应用，从而制约二次系统各项业务的开展。

值得注意的是，由于变电站二次物理回路模型在结构上与变电站的二次系统电气 CAD 图纸是一致的，这个特点为我们二次物理回路建模提供了一条解决思路，也就是我们可以通过对电气二次 CAD 图纸进行数字化处理，进而转化生成相对应的二次物理回路模型，这个过程就需要用到了电气二次系统图纸的识别技术。电气二次系统图纸的识别技术不仅可以解决二次物理回路模型的生成问题，对二次系统的数字化运维也有着巨大的支撑作用。

当下变电站电气二次回路的设计和运行维护都是基于电气二次回路 CAD 图。采用 CAD 图进行电气二次回路设计存在设计数据无法进行有效的校验和验证、CAD 图纸信息难以进行有效的数据传递、CAD 图纸信息无法实现后期运维高级应用。而且电气二次回路 CAD 图进行电气二次回路运行维护存在人工携带 CAD 图纸不方便，CAD 图纸与现场二次回路不一致、图档管理不规范等问题。这些问题都与数字化变电站智能运维的设计理念相差甚远。此外，变电站中仍存在大量 CAD 图纸，如何将这些图纸进行数字化，如何减少图纸数字化的工作量，如何保证图纸数字化过程中的正确性，是变电站开展数字化管理和智能运维亟须解决的问题。

1. 电气二次 CAD 图纸识别总体流程

基于电气二次 CAD 图纸识别技术生成变电站二次物理回路模型的总体流程如图 3-2 所示。

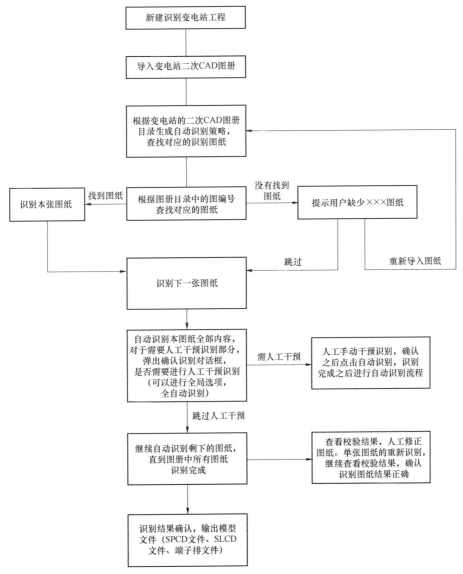

图 3-2　基于电气二次 CAD 图纸识别技术的模型生成流程

（1）将所需建模的变电站的电气二次 CAD 图册导入相应的图纸识别系统中，准备开始进行图纸识别。

（2）根据变电站电气二次 CAD 图册编号规则自动生成识别策略，并查找相应的识别图纸。

（3）根据图册目录中的图纸编号查找图纸，查找到后开始进行图纸元件的识别，若没有找到则提醒未找到该图纸。

（4）自动识别该图纸的全部内容，包括元件属性、回路连接、编号等信息，并根据识别的结果确定是否需要人工干预，若识别问题较多则采取人工手动干预，从而完成所有内容的识别。

（5）自动识别下一张图纸，直到图册中的所有图纸全部识别完成。识别完成后对结果进行校验，确认所识别的图纸的正确性。

（6）将识别后的电气二次 CAD 图纸转化为变电站二次物理回路模型。

2. 电气二次 CAD 图纸识别关键技术

二次元件识别图元库。电气二次元件的图元库是进行图纸识别的依据，因此，首先需要建立二次元件识别图元库。具体步骤如下。

（1）确定二次元件的类型以及每一种类型二次元件的基本属性，所述二次元件的类型包括二次装置、二次装置板卡、二次装置端口、空开、压板、端子排端子、按钮、指示灯、继电器线圈、继电器节点中的部分或全部。二次元件种类可以详细划分为线圈类、接点类、器件类等 20 类，如表 3－1 所示。

表 3－1 　　　　　　　　　　二 次 元 件 分 类

序号	元件分类	示例图	元件属性定义
1	线圈类（Coil）	电流、电压线圈　其他线圈	（1）元件标识； （2）元件类型； （3）元件所属屏柜； （4）元件所属继电器； （5）电压等级； （6）端子 1 极性； （7）端子 2 极性； （8）扩展属性 1； （9）扩展属性 2

续表

序号	元件分类	示例图	元件属性定义
2	接点类（RSwitch）	常开接点 常闭接点	（1）元件名称； （2）元件类型； （3）元件所属屏柜； （4）元件所属继电器； （5）电压等级； （6）端子1极性； （7）端子2极性； （8）扩展属性1； （9）扩展属性2
3	器件类（Component）	电阻与二极管 光耦	（1）元件名称； （2）元件类型； （3）元件所属屏柜； （4）元件所属装置； （5）元件所属板卡； （6）电压等级； （7）端子1极性； （8）端子2极性； （9）扩展属性1； （10）扩展属性2
4	开关类（Switch）	1-4KK ① ② 转换开关	（1）元件名称； （2）元件类型； （3）元件所属屏柜； （4）元件位置； （5）电压等级； （6）扩展属性1； （7）扩展属性2
5	空气开关类（AirSwitch）	① ② 1-ZD11 1-ZD4 ① ③ ② ④ 1-4Q1D29 1-4Q1D1	（1）元件名称； （2）元件类型； （3）元件所属屏柜； （4）元件位置； （5）电压等级； （6）扩展属性1； （7）扩展属性2
6	绕组类（Winding）	1LHa 二次绕组	（1）元件名称； （2）元件类型； （3）元件所属屏柜； （4）元件位置； （5）电压等级； （6）端子1极性； （7）端子2极性； （8）扩展属性1； （9）扩展属性2

序号	元件分类	示例图	元件属性定义
7	装置类（Device）	110kV智能组件 PRS-7395-G / 2-1n PCS-941A-DA-G-C	（1）元件名称； （2）元件类型； （3）元件所属屏柜； （4）元件位置； （5）电压等级； （6）端子1极性； （7）端子2极性； （8）扩展属性1； （9）扩展属性2
8	电源类（Power）	+KM1 / -KM1 / 正负电源	（1）元件名称； （2）元件类型； （3）元件所属屏柜； （4）元件位置； （5）电压等级； （6）端子1极性； （7）端子2极性； （8）扩展属性1； （9）扩展属性2
9	屏柜类（Cubcicle）		（1）元件名称； （2）元件类型； （3）元件所属小室； （4）元件位置； （5）电压等级； （6）扩展属性1； （7）扩展属性2
10	端子箱类（TerminalBox）		（1）元件名称； （2）元件类型； （3）元件所属小室； （4）元件位置； （5）电压等级； （6）扩展属性1； （7）扩展属性2
11	ODF、端子排类（TerminalBoard）	机架式储纤盒 / 1ODF / 2ODF	（1）元件名称； （2）元件类型； （3）元件所属屏柜； （4）元件位置； （5）扩展属性1； （6）扩展属性2

序号	元件分类	示例图	元件属性定义
12	按钮类（Button）	1FA	（1）元件名称； （2）元件类型； （3）元件所属屏柜； （4）元件位置； （5）电压等级； （6）端子 1 极性； （7）端子 2 极性； （8）扩展属性 1； （9）扩展属性 2
13	端子类（Terminal）		（1）元件名称； （2）元件类型； （3）元件所属元件； （4）元件所属板卡； （5）元件型号； （6）元件极性； （7）扩展属性 1； （8）扩展属性 2
14	触点端子（Contact）	1-4KK	（1）元件名称； （2）元件类型； （3）元件所属元件； （4）元件所属板卡； （5）元件型号； （6）元件极性； （7）扩展属性 1； （8）扩展属性 2
15	装置板卡类（Board）		（1）元件名称； （2）元件类型； （3）元件所属屏柜； （4）元件所属装置； （5）扩展属性 1； （6）扩展属性 2
16	压板类（Ena）		（1）元件名称； （2）元件类型； （3）元件所属屏柜； （4）元件位置； （5）电压等级； （6）端子 1 极性； （7）端子 2 极性； （8）扩展属性 1； （9）扩展属性 2

序号	元件分类	示例图	元件属性定义
17	指示灯类（Light）		（1）元件名称； （2）元件类型； （3）元件所属屏柜； （4）元件所属装置； （5）元件位置； （6）电压等级； （7）端子1极性； （8）端子2极性； （9）扩展属性1； （10）扩展属性2
18	黑盒子类（BlackBox）	CPU 信号采集	（1）元件名称； （2）元件类型； （3）元件所属屏柜； （4）元件所属装置； （5）元件所属板卡； （6）电压等级； （7）端子1极性； （8）端子2极性； （9）备用端子1极性； （10）备用端子2极性； （11）扩展属性1； （12）扩展属性2
19	电机类（Machinery）	1M	（1）元件名称； （2）元件类型； （3）元件所属屏柜； （4）电压等级； （5）端子1极性； （6）端子2极性； （7）扩展属性1； （8）扩展属性2
20	连接线类（Connect）		（1）连接线标识； （2）连接端子1； （3）连接端子2； （4）功能描述；（原理图中框中文字） （5）连接线类型（电缆、光缆）

（2）根据二次元件的类型建立各二次元件的标准图元，且建立各二次元件的标准图元具体为下面方式①和方式②中的一种或者两者相结合。方式①：人工定义各二次元件属性、绘制二次元件图形，并将二次元件的图形及其属性保存到二次元件识别图元库中。方式②：在CAD图纸中人工进行框选所需的图形作为二次元件的二次元件图形，定义二次元件的属性，并将二次元件的图形及其属性保存到二次元件识别图元库中。

3. CAD图纸元件识别技术

（1）针对需要识别的图纸设定默认识别区域框。

（2）根据默认识别区域框进行 CAD 图元件搜索，当默认识别区域框中检索到疑似元件的图形则跳转执行下一步。

（3）将默认识别区域框分别进行一定比例的放大或缩小，将放大或缩小之后的识别区域框中图形和预设的二次元件识别图元库进行匹配识别，如果识别区域框中图形与二次元件图元库中的图形一致，在本次识别过程记录本二次元件识别区域框大小，在后续的识别疑似该二次元件时，自动调整默认识别区域框为该放大或缩小之后的识别区域框（能够提高识别相同类型二次元件的识别效率）。

调整识别区域框的大小使得在识别二次元件的过程中，识别区域框的大小总是符合 CAD 图中二次元件的大小。在 CAD 图识别中，当识别区域框中存在二次元件图形时，将提取识别区域框中二次元件的图形特征，将识别区域框中二次元件图形特征与二次元件识别图元库中某一类二次元件的图形特征进行比对，图形特征一致的则判定识别区域框中为二次元件识别图元库中某一类元件，将识别区域框中的图形进行标红，表示此类图形已被自动识别，图形特征不一致的则继续遍历二次元件识别图元库中的图形，直到在二次元件识别图元库中找到相应的二次元件图形，如图 3-3 所示。

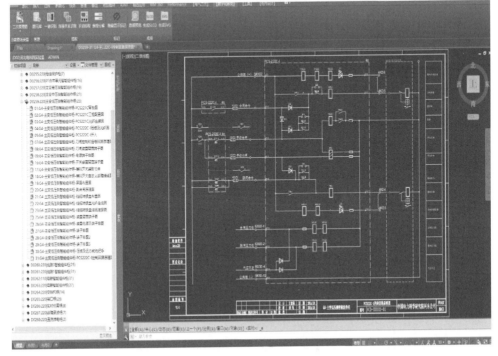

图 3-3　元件识别

（4）如果识别区域框的图形在二次元件图元库中找不到对应的图形，那么需要进行告警提示，提示用户补充二次元件图元库。对于不可识别的图形，支持手动识别二次元件，即通过人工进行识别区域框的框定，框定之后自动检索识别区域框中的图形，人工定义识别区域框中图形所属的二次元件类型及该二次元件的各属性信息，并将此类二次元件的属性和图形自动添加至二次元件图元库中，从而扩充二次元件识别图元库。

（5）在将图形识别为二次元件之后，还需要自动补充所识别二次元件的属性信息，其中包括二次元件的类型、名称、所属装置、所属屏柜信息。二次元件类型可以根据识别二次元件图形特征与二次元件识别图元库中的图形特性进行比对，从而确定识别二次元件的类型。在电气二次回路 CAD 图中，二次元件的所属二次屏柜、二次装置信息是通过 CAD 图纸所属二次屏柜和二次装置决定。

二次元件的名称属性是通过识别元件附近文本获取的，获取拾取本二次元件的识别区域框的中心，以该中心为圆心进行圆形搜索，搜索最近的文本，距离最近的文本为本二次元件的名称属性，如图 3-4 所示。

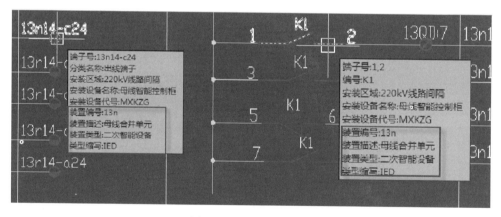

图 3-4　元件属性添加

（6）拾取 CAD 图纸中的连接线，自动识别获取连接线的功能描述文字，并通过连接线首尾两端坐标位置获取连接线连接的二次元件的连接点，参见图 3-5。连接线又分为以下几种情况。

1）当连接线与二次元件图像连接位置重合或连接线一端子与元件的距离小于指定长度（取值为 1mm）则判断连接线与元件端子连在一起。

2）针对 CAD 图纸中存在折线、交叉点的连接线，如果折线为一条连接线，则折线按照普通连接处理即可。

3）如果折线为多条直线组合而成，则根据连接线的首尾相连顺序查到连接线最终的连接元件端子，终端为元件端子表示遍历该连接线连接关系结束。

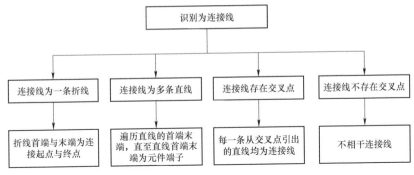

图3-5　连接线属性识别

需要注意的是：在 CAD 图中用实心点表示交叉点，交叉的两条线没有实心点表示两条线仅交叉没有任何关系；默认为包含交叉点的连接线是属于分散的连接线，从交叉点出来的连接线均为连接关系，从交叉点出来的连接关系存在多个，每个从交叉点引出来的连接表示一种连接关系。

自动识别获取连接线的功能描述文字的详细步骤为：获取连接线的位置坐标，并识别连接线的功能描述文本框的位置坐标。以连接线的末端坐标为连接线参照坐标，连接线参照坐标的纵坐标落在连接线的功能描述文本框的纵坐标区域内，表示该连接线的功能描述为该连接线的功能描述文本框的内容，拾取连接线的功能描述文本框中的文字说明，将连接线的功能描述文本框中文字说明作为连接线功能说明，从而实现连接线功能描述的自动获取。

另外，电气二次回路的 CAD 图纸中的功能说明文本框存在一级文本框、二级文本框，一级文本框可以包含若干个二级文本框。如果功能说明文本框存在二级文本框说明，那么连接线的功能说明应该包含一级文本框和二级文本框的内容。在图形中，由于一级文本框矩形包含二次文本框矩形，因此可通过矩形图形的包含关系获取一级文本框、二级文本框之间的包含关系，从而判定一级文本框与二级文本框。

（7）判断是否需要继续识别其他 CAD 图纸，如果需要继续识别其他 CAD 图纸，则跳转至（1）以继续进行识别；否则继续向下进行。

（8）将所有 CAD 图纸识别出的二次元件、二次元件间的连接关系以及连接线的功能识别文字进行信息整合形成电气二次回路，对信息整合形成的电气二次回路连接关系进行回路校验。

（9）输出指定格式下的描述变电站电气二次回路连接关系数据文件。

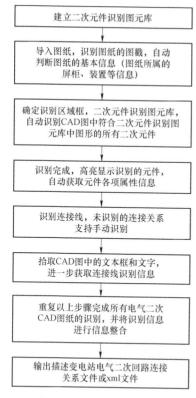

图 3-6 总体建模流程

整体的识别流程如图 3-6 所示。

4. 图纸识别校验技术

在电气二次原理图中存在连接关系分布在不同的原理图中，多张原理图描述同一条连接关系，因此在识别完多张二次原理图之后，还需要将识别的连接关系进行信息整合，将冗余的连接关系进行整合，将不完整的连接通路合并为完整的连接通路，依据信息的整合，可以实现二次原理图信息的校验。

电气二次回路连接关系的回路校验主要从电气二次回路连接关系的正确性，以及电气二次回路连接关系完整性两个方面进行校验。对信息整合形成的电气二次回路连接关系进行回路校验的步骤如下。

（1）电气二次回路连接关系正确性校验：判断两张以上的 CAD 图纸所描述同一条电气二次回路连接关系是否存在图纸信息不一致的情况，如果存在图纸信息不一致的情况则判定该电气二次回路连接关系存在错误，需要进行人工修正。

（2）电气二次回路连接关系完整性校验。该项校验主要有三个原则，分别为：连通性原则，即正电源至负电源必须至少有一条通路；关联性原则，即线圈与接点必须存在关联；唯一性原则，即所有元件的标识具有唯一性。

方法为：遍历识别的所有电气二次回路连接关系，并根据连接关系的首尾连接关系，将识别的连接关系组成完整的电气二次回路，校验电气二次回路连接的起始端是否包含电源正极、电气二次回路连接的终点端是否包含电源负极，如果存在不符要求的电气二次回路连接规则要求的，则需要进行人工修正。

综上所述，基于 CAD 图自动拾取的变电站电气二次回路连接关系的方法能够有效解决变电站数字化过程中存量 CAD 图纸数字化工作量大、正确性难保证、存量 CAD 图纸数字化周期长等问题，根据图册目录制订自动识别策略，借助识别图元库自动识别 CAD 图中各类二次元件，依托连接线的连接点与二次元件的位置关系获取 CAD 图中的电气二次回路连接关系，并最终可以输出描述变电站电气二次回路连接关系的二次物理回路模型。

二、电气二次图纸识别技术应用

（一）创建电气图纸高效查阅方式

数字化图纸既能以屏柜为单位展示二次回路连接，也能以回路及元件为单位展示完整二次回路连接，并通过元件间关联关系实现图纸间双向跳转。展示直观、立体，有利于二次回路的查阅（见图3-7）、分析和理解。

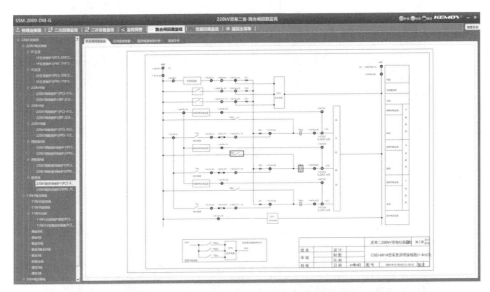

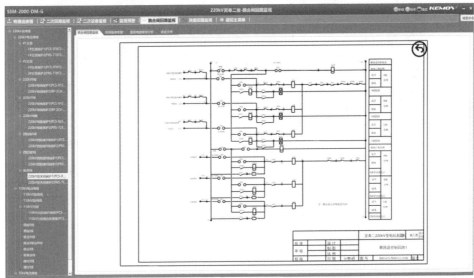

图3-7　电子图纸查阅

（二）提升二次系统在线监视水平

数字化图纸能够对二次电缆/光纤回路实时在线监视（见图3-8），承载二次元件及回路运行状态信息，真实反映电线的通断、接点的闭合、线圈的带电以及相互间是否影响。辅助运维检修作业，提高变电站维护效率。

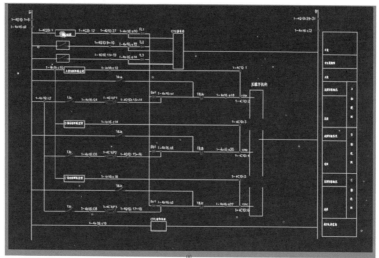

图3-8 可视化监视

（三）打造二次系统数字化移交管理模式

数字化图纸可以进行电缆/光缆回路连接关系主动校核并告警提示，可以进行元件和回路替换、移动、添加、删除等再加工操作，可以进行接线图自动生成、原理分析等后续处理，提高图纸利用效率，实现图纸设计连续性，如图3-9所示。

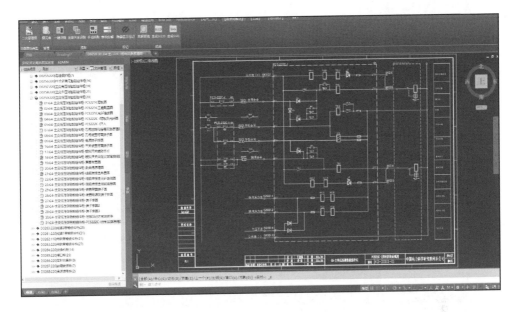

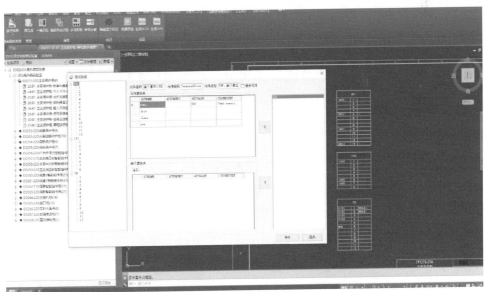

图 3-9　图纸数字化管理

（四）推动二次系统专业培训

数字化图纸提供二次系统的虚拟仿真环境，通过故障动态模拟设置与交互式虚拟量测开展故障排查练习（见图 3-10），强化了作业人员对于故障发展保护动作逻辑的清晰认识，以及故障排查方法的直观理解。

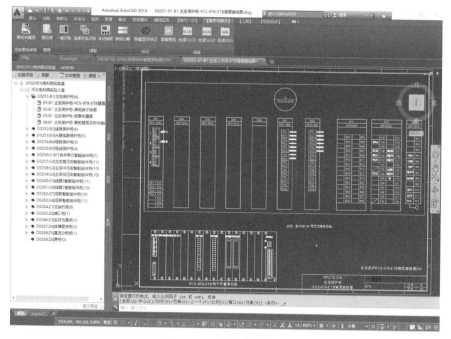

图 3-10 模拟仿真培训

第二节 二次系统三维数字模型与装配技术

一、二次系统三维模型装配技术

电网的三维数字化是指通过软件建立电网设备、建筑的三维模型，并在电网的设计、建设、运营过程中，基于模型对电网组件进行监控和管理的过程。通俗地讲，就是利用三维建模软件虚拟出一个与现实世界中完全相同的电网体系，并且通过传感器、摄像头等设备，与电网设备连接，实时保持虚拟和现实的同步。

2018 年起，国家电网公司先后发布了一系列标准，包括输变电工程三维设计模型交互规范、输变电工程三维设计软件基本功能规范等 8 项标准，如表 3-2 所示，支撑三维数字化设计及数字化移交。这些规范针对变电站设计过程一次系统的设计、土建设计、不同专业的基建设计，都提出明确的要求。整个变电站的三维设计成果用 GIM 文件格式来描述，文件格式统一，内容公开，各软件设计数据可共享，实现各专业的协同设计。规范中对一次系统的一次设备的三维设计提出了 33 个组件类的三维模型，同时也对基建部分，其他专业的三维设计提出了明确的要求，基本囊括了变电站的三维初设阶段大部分方面。

表 3-2　　　　　　　　　　　　　　输变电工程三维设计规范

序号	规范名	规范号
1	输变电工程三维设计模型交互规范	Q/GDW 11809—2018
2	输变电工程三维设计软件基本功能规范	Q/GDW 11811—2018
3	输变电工程三维设计建模规范　第 1 部分：变电站（换流站）	Q/GDW 11810.1—2018
4	输变电工程三维设计建模规范　第 2 部分：架空输电线路	Q/GDW 11810.2—2018
5	输变电工程三维设计技术导则　第 1 部分：变电站（换流站）	Q/GDW 11798.1—2018
6	输变电工程三维设计技术导则　第 2 部分：架空输电线路	Q/GDW 11798.2—2018
7	输变电工程数字化移交技术导则　第 1 部分：变电站（换流站）	Q/GDW 11812.1—2018
8	输变电工程数字化移交技术导则　第 2 部分：架空输电线路	Q/GDW 11812.2—2018

国网基建部提出的三维建模规范主要是针对变电站中的一次设备，相关三维模型也都与一次设备相关，变电站中的二次设备在 GIM 模型规范中鲜有涉及，一方面是因为变电站的三维设计还处于初步阶段，起草相关规范很难顾及变电站设计阶段的方方面面，另一方面则是二次设备的三维设计不像一次设备的三维设计那样紧迫（一次设备的设计涉及与其他专业的协同设计），而且二次设备的三维设计还没有形成成熟的设计体系。但是随着变电站三维设计体系的日趋完善，变电站全设备的三维设计应该是大势所趋。因此，如何实现二次设备、二次系统的三维设计，如何将二次设备的三维设计融合到 GIM 模型规范中，是今后三维设计的一大命题。

（一）二次系统三维建模规范及建模内容

国家电网公司发布的电网三维建模规范主要面向电气一次设备，其中《Q/GDW 11810.1—2018 输变电工程三维设计建模规范　第 1 部分：变电站（换流站）》中涉及二次设备，但只是对二次屏柜和二次设备进行了大概的描述，如图 3-11 所示，无法凭借该项规范开展具体的二次设备的精细化三维建模，需要对该规范的二次设备三维建模部分进行扩充，实现变电站二次系统屏柜，设备等装置或元件的三维模型设计。因此，在此规范中需要规范各种典型的二次设备，二次屏柜，二次元件的三维建模内容和建模深度。变电站二次系统的三维模型设计成果也可以用 GIM 文件格式描述，文件格式统一，内容公开，各软件设计数据可共享，实现各专业的协同设计。同时，该扩充规范也需要定义二次系统三维模型数据层级结构，以及各类设备、元件模型数据所处的层次。扩充思路沿用一次系统的三维设计思路，从而保证所建模型的一致性和可扩展性。

1. 三维设计模型架构

输变电工程三维设计模型由物理模型（含制造模型及设计文档）、逻辑模型（含设计文档）组成，其中设计文档、制造模型通过物理模型或逻辑模型的相关属性表达，以链接方式调用。

输变电工程三维设计模型框架包括四层结构，自下而上分别是：属性集、组件类、物理模型/逻辑模型、工程模型，如图3-12所示。

图3-11 《Q/GDW 11810.1—2018输变电工程三维设计建模规范第1部分：变电站（换流站）》中的二次部分

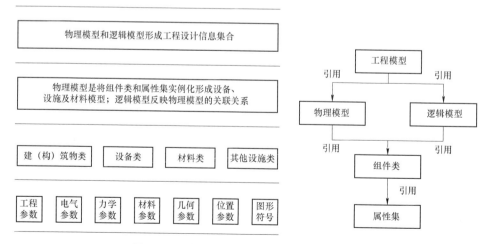

图3-12 输变电工程三维设计模型框架结构

（1）属性集包括工程参数、电气参数、力学参数、材料参数、几何参数、位置参数、图形符号等。

其中，工程参数、电气参数、力学参数、材料参数采用结构化数据描述；几何参数用于描述几何模型；位置参数通过空间变换矩阵进行描述；图形符号用于描述主接线、站用电原理接线、电气原理图、水暖系统图中的设备、装置和材料。

（2）组件类包括建（构）筑物类、设备类、材料类、其他设施类。

（3）物理模型（包含厂家提供的制造模型）用于描述外形尺寸和空间位置，逻辑模型用于描述设备之间的关联关系。物理模型和逻辑模型均可包含有设计文档。制造模型是由设备制造厂家或专业软件提交的用于产品制造的模型。设计文档和制造模型存放于指定路径，采用链接方式展示。

（4）工程模型是由工程中所有的建（构）筑物、设备、材料及其他设施模型和工程属性构成的信息集合，也包含建（构）筑物、设备、材料及其他设施之间的关联关系。

2. 三维设计模型文件存储结构

标准格式文件分别存储在以下四个子目录：MOD、PHM、DEV、CBM，如图 3-13 所示。标准格式文件存储的数据包括：几何模型单元（*.mod）、组合模型（*.phm）、物理模型（*.dev）、逻辑模型（*.sch）、工程模型（*.cbm）以及属性信息（*.fam）、制造模型（*.stl）。

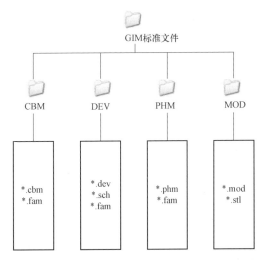

图 3-13　输变电工程三维设计模型文件组织结构

（1）MOD 文件由几何模型单元（*.mod）和制造模型（*.stl）构成。

（2）PHM 文件由组合模型（*.phm）及其属性信息（*.fam）组成，组合模型中包括了几何模型单元、网格模型的引用和对应的空间变换矩阵。

（3）DEV 文件由物理模型（*.dev）及其属性信息（*.fam）和逻辑模型（*.sch）组成。属性信息（*.fam）包括名称、编码等参数。逻辑模型（*.sch）由图形符号及其关联关系组成，包含图纸数据、元件符号定位数据、编码及属性参数、连接线。

（4）CBM 文件由工程模型（*.cbm）及其属性信息（*.fam）组成，属性信息（*.fam）包括名称、电压等级、编码等参数。

3. 二次设备三维建模范围

变电站二次系统三维建模的建模范围为变电站二次系统全部设备。包括屏柜及装置、安防系统、火灾报警系统、蓄电池组、预制舱。其中装置包括各厂家（南瑞继保、南瑞科技、深瑞、四方、许继等）的保护装置、智能终端、合并单元、测控装置、交换机、安稳装置、录波器、保信子站、远动网关机、操作箱、电能表、直流电源、在线监测子站、通用装置，其中空装置、端子排、元器件（空开、压板、指示灯、复归按钮、转换开关、ODF）、电缆芯也做独立说明，如表 3－3 所示。

表 3－3　　　　　　　　　　二次设备三维建模范围

序号	设备类型	序号	设备类型
1	小室	12	操作箱
2	屏柜	13	电能表
3	保护装置	14	直流电源
4	智能终端	15	在线监测子站
5	合并单元	16	通用装置
6	测控装置	17	光纤配线架 ODF
7	交换机	18	空装置
8	安稳装置	19	端子排
9	录波器	20	板卡
10	包信子站	21	元器件
11	远动网关机	22	电缆芯、光纤

（二）二次屏柜三维模型自动组屏技术

三维建模工具有很多，但适用场合各有侧重，例如对于工业设计、模具加工领域，proE、UG 应该都是主流；如果是室内设计或者效果图或者建筑漫游，那么CAD+3dsMax 比较合适；影视业和游戏业，这两个行业都是比较注重视觉的行业，3dsMax 或者 Maya 都有广泛应用；Solidworks 较多用于机械设计；汽车行业则较多使用 CATIA（卡地亚）；NASYS 是用来做有限元分析，单纯做模型的话 ZBrush，MudBox 都是不错的工具，此外还有 XSI，C4D 等软件，用来做影视、电视栏目包装也不错。

本书采用的建模工具是 Autodesk 公司的 Revit 软件，Revit 是我国建筑业 BIM 体系中使用最广泛的软件之一。Revit 能解决多专业的问题，不仅有建筑、结构、设备、暖通，还有协同、远程协同，带材质输入到 3DMAX 的渲染。云渲染、碰撞分析、绿色建筑分析等功能，非常适用于具有多个专业的三维变电站的建模。

1. 二次屏柜三维模型自动组屏总流程

为了提升二次系统三维设计的效率与质量，本书提出了基于二次物理回路模型的变电站二次设备三维建模方法，如图 3-14 所示，具体的流程如下。

（1）首先建立变电站二次设备标准族库，其中标准族库包括了标准屏柜、箱子、装置设备、端子排、元器件等所有二次设备和元件。

（2）对变电站二次物理回路模型进行解析，确定二次设备的属性及逻辑关系。其中二次设备的属性与本章第二节中各元素的属性保持一致，包括设备/板卡/元件等的名称、描述、型号、生产厂家、大小以及空间位置；逻辑连接关系则包括了各个二次设备之间的电缆连接关系以及光纤连接关系。

（3）将二次物理回路模型解析结果与二次设备标准族库进行关联匹配，从二次设备标准族库中寻找名称、型号、类型等属性一致的设备或元件。

（4）根据设备或元件之间的从属关系、空间关系，完成屏柜的自动装配，同时，根据回路连接关系完成屏柜、设备、元件之间的物理连接，从而自动完成整站的二次系统三维模型的建立。

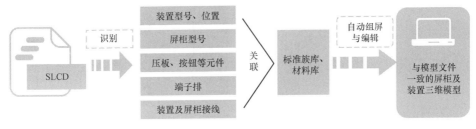

图 3-14　二次设备三维自动组屏流程

2. 二次屏柜三维模型自动组屏关键技术

三维模型自动组屏关键技术包括了标准族库技术、标准族库与设备材料库关联技术、SLCD 模型识别技术、自动组屏与编辑技术。

（1）标准族库技术。为实现快速、准确创建三维模型，对标准屏柜、箱子、装置设备、端子排、元器件等建立图元族库，三维手动或自动创建屏柜时，利用图元族库，实现标准模型设计。如图 3-15 所示。

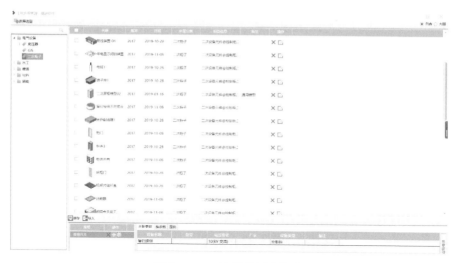

图 3-15　二次设备标准族库

变电站二次设备标准族库可以细分为：屏柜箱体族库、装置设备族库、元器件族库、端子端口族库、电缆光纤族库。

1）屏柜箱体族库。屏柜箱体族库（见图 3-16）指的是二次小室内的屏柜或者室外的汇控柜，该族库与二次物理回路模型中的 CLCD 模型的 Cubicle 元素相对应。

图 3-16　屏柜箱体族库

2）装置设备族库。装置设备族库采用模块化设计，将装置设备外壳与内部组装部件已经整合为一个整体模块（见图 3-17），作为一个标准装置而存在，与具体型号、厂家的装置设备可以创建关联。装置设备族库与二次物理回路模型中的 ULCD 模型相对应，其中模块化的交换机、合并单元、智能终端等装置模型需要精细到板卡上的端子级，即与逻辑模型中 Terminal 级别对应。

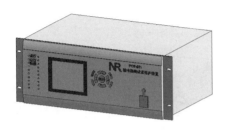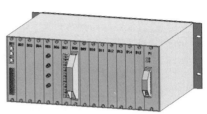

图 3-17　装置设备族库

3）元器件族库。元器件模块化，是需要跟二次电气设备分类创建依托基本图元之上的真实三维设备模型，例如，压板、按钮、开关、指示灯、按键、复位按键、空开、光纤配线架、端子排等，包括其中存在一些状态控制，开关等。如图 3-18 所示。

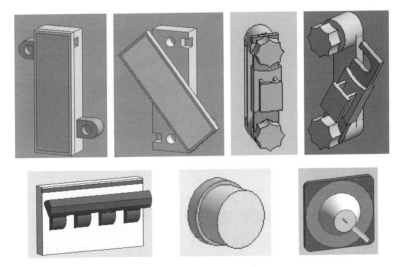

图 3-18　元器件族库

4）端子、端口族库。端子、端口族库对应的是二次物理回路模型中的 Terminal 元素，如图 3-19 所示。端子模块化是为方便端子排、板卡等不同类型的元器件批量组合建模。

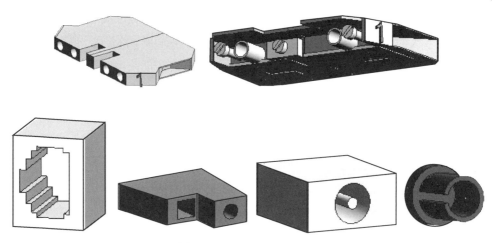

图 3-19　端子、端口族库

5）电缆光纤族库。电缆光纤族库与二次物理回路模型中的 Cable 元素、Wire 元素相对应，表示了屏柜、设备之间的电缆和光纤连接。如图 3-20 所示。

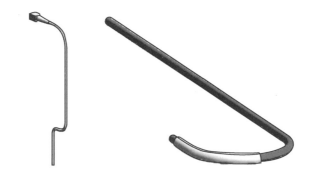

图 3-20　电缆光纤族库

变电二次系统通用模型族库可重复载入在任意模型工程项目中,是变电站二次系统三维模型的资源积累,实现了三维模型资源重复利用,减少建模工作量,提高建模工作效率。

（2）标准族库与设备材料库关联技术。为实现快速、准确创建三维模型，根据不同厂家、不同型号二次设备建立已封装完备的二次设备材料库。材料库包含不同厂家、不同型号二次设备的三维模型（见图 3-21），三维模型包含了二次设备的厂家信息、型号信息、保护类型信息、装置插件信息、三维空间信息，如表 3-4 所示。

表 3-4 设 备 材 料 库 信 息

序号	名称	型号
1	220kV 线路保护	RCS-931ADMM
2	主变测控装置	CSC-282
3	以太网交换机	2D-PCS-9882BD
...	...	...

图 3-21 设备材料库图

根据标准设备材料库中屏柜、箱子、装置设备、端子排、元器件的属性信息，利用标准二次设备分类及厂家型号区分对应真实模型效果，将数据信息跟模块化族库模型建立关联关系。通过标准设备材料与标准模块化设备族的对应关系，即可实现由逻辑模型信息到三维模型信息的映射，为手动或自动组屏、组柜、组箱技术提供数据支撑。

（3）SLCD 模型识别技术。

1）设备属性提取。根据电气二次设计的基本规则，系统逻辑数据中的编号在同级目录下具有唯一性原则，将识别的逻辑模型划分为屏柜、屏柜内装置设备（由板卡、端子组成，板卡由元器件、端子组成）、端子排、元器件，以及屏柜间电缆芯信息。提取 SLCD 模型中各元素的位置布局信息，设备材料属性信息。

2）提取设备材料与模块化族的映射关系。利用 SLCD 模型中各元素的材料属性信息，二次设备的厂家型号，在标准设备材料库中获取关联属性信息，同时，根据映射的标准模块化族库中的模块族，提取系统设计中二次设备族模型。

3）手动或自动组屏柜箱体。根据电气二次设计的基本规则，系统逻辑数据中的编号在同级目录下具有唯一性原则，将识别的逻辑模型划分为屏柜、屏柜内装置设备（由板卡、端子组成，板卡由元器件、端子组成）、端子排、元器件，以及屏柜间电缆芯信息。

在 SLCD 文件中存在装置设备在屏柜中的位置关系，同时所有组成部件，对应存在设备材料的属性信息，即利用型号属性，关联设备材料库，从而关联族库模型，再利用位置关系在屏柜族模型中添加装置设备的族模型。如图 3-22 所示。

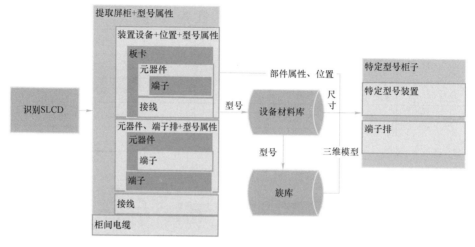

图 3-22 自动组屏示意

由外层柜体到内部装置、端子排设备进行组建，调用匹配的模块族，分析其位置布局，接线部分全部由端子引出进入柜内线槽，依据此原则自动组装或手动调整排布。最后根据国家电网三维模型架构及移交规范，将三维模型进行 GIM 建模并移交。

为实现自动组屏，提供了装置设备、端子排的位置关系排布软件，间距会根据实际屏柜尺寸，装置设备尺寸进行均分。其他元器件可以根据屏柜信息和电缆信息锁定到屏柜内包含的部件信息，可进行手动布置组屏，允许修改、添加、删除部件等信息。

以三维设计软件为例，基于二次物理回路模型的三维建模方法详细流程如图 3-23 所示。

二、二次设备三维模型应用

电网三维技术是对建模技术、信息技术、网络技术的一次集成创新，有利于优化设计、施工安装和生产运维，有利于提升电网工程的全寿命周期内本质安全水平，是建设智能电网的重要技术支撑。三维技术可以实现新建工程全信息仿真，具备数字化、可视化特点，有利于技术集成，提高工程建设、运检管理水平，同时为构建数字电网奠定基础。对于已建工程，还可以通过采用倾斜摄影、激光点云等三维实景建模技术、图纸参数化建模技术等对电网设备、线路、运行环境等进行全信息仿真模拟。

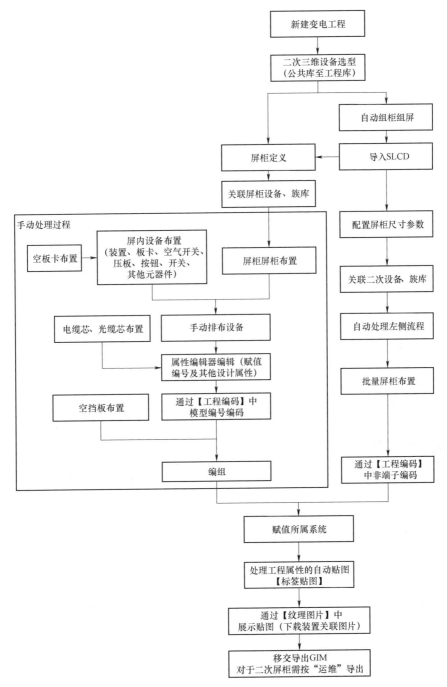

图3-23　二次设备三维建模详细流程

变电站二次设备三维模型的应用场景主要应用于图纸查阅、安措校核、故障定位、故障复现、远程巡视等场景，如表3-5所示。

表 3-5   三 维 智 能 运 维

项目	现状及存在问题	三维智能运维
图纸查阅	二维平面图纸，仅能表达二次回路、配置和连接关系示意，查阅图纸不全面、不直观、不便捷	三维数字化图纸，能清晰表达屏柜、设备（插件、端口）及端子排空间布局，展示线缆敷设路径、安装工艺及抗干扰措施要求。 施工安装、调试、验收、运维检修中图纸查阅更加全面、直观、准确
安全措施实施	人工编制、审核安全措施票，安全措施正确性核对困难	三维图形界面开展安措票模拟及自动出票，三维图形界面实景指导安全措施实施，提高安措实施准确率
故障定位查找	人工汇总故障信息，分段查找定位故障，缺陷处理效率低、难度大	三维图形界面自动展示故障链路，定位故障部位，指导故障点查找，提高缺陷处理效率
设备故障复现	无	三维图形界面直观复现故障发生后，一次设备、二次设备动作行为及运行状态，支撑故障分析及培训

（一）三维模型信息查阅

三维模型能够清晰表达屏柜、设备（插件、端口）及端子排空间布局，展示线缆敷设路径、安装工艺及抗干扰措施要求。施工安装、调试、验收、运维检修中图纸查阅更加全面、直观、准确。如图 3-24 所示。

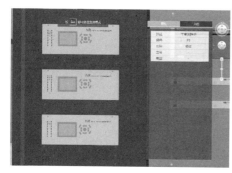

图 3-24   二次设备三维图纸查阅

单击选中三维场景中的模型个体，在屏幕右侧可打开该装置或部件（装置或部件包括保护装置、智能终端、合并单元、测控单元、交换机、安稳装置、录波器、保信子站、远动网关机、操作箱、电能表、直流电源、在线监测子站、空气开关、压板、按钮、转换开关、端子排、ODF、光纤或电缆芯、屏柜）的属性信息表。

（二）设备运行状态监视

建立二次系统全物理设备的可视化平台，可完整展示二次装置、压板、空气开关、电缆、光纤等二次设备及间隔盘柜的原理回路、三维模型、拓扑连接及物理信息。将二次设备运行数据与三维模型进行关联，在二次设备三维模型中直观地监视二次设备运行状况，如图3-25所示。在三维模型场景下自动展示故障链路，定位故障部位，如图3-26所示，指导故障点查找，提高缺陷处理效率。

　　告警信息列表实时分类显示当前处于告警状态的板卡、装置端口、ODF端口，处于告警和预警状态的光纤、端子。三维场景视角快速定位到该光纤连接的一个端口，并以红色高亮显示该端口。三维场景视角快速定位到该光纤连接的另一个端口，并以红色高亮显示该端口。这两个端口之间的连接光纤即为告警光纤。

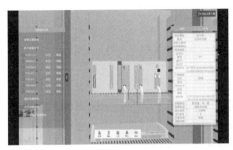

图3-25　二次设备状态监视

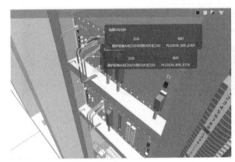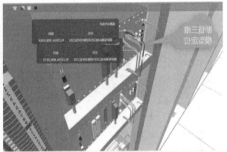

图3-26　二次设备故障定位

（三）三维安措校验

　　开展安措票模拟及自动出票，三维图形界面实景指导安全措施实施，提高安措实施准确率，如图3-27所示。

（四）仿真培训

　　考虑到变电站实际运行的高复杂性、高投入性、高技术密集性和安全风险性，可通过虚拟现实与虚拟仿真技术建立三维培训仿真平台，并在该平台上配置设备操作、设备巡检、设备检修、定值修改、设备管理等各类仿真应用功能，对运行人员实现各类培训与考核，从而提升运行人员的素质和业务水平，保证变电站安全、高效、经济运行。虚拟培训系统界面如图3-28所示。

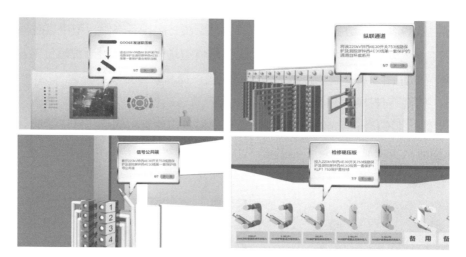

图 3-27　安措校核

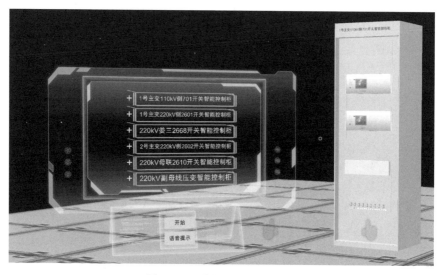

图 3-28　虚拟培训系统界面

第四章

二次系统可视化智能运维技术

第一节 图像识别算法综述

图像识别技术已发展了很长时间，且已在多个行业领域得到了很好的应用，比如人脸识别、医学影像、人车物识别等。随着深度学习等机器学习技术不断发展，使得在目标定义完备且有大量数据可供训练的情况下，图像识别的效果越来越好，在应用场景与上层应用开发完备的前提下，行业领域的图像识别结果完全可达到产品化级别。

图像识别技术在工业上与特定行业上广泛应用，其应用场景通常有明确的定义，即使在先进的深度学习技术出现之前，图像识别技术也在好多行业中发挥着作用，比如医学影像、车牌识别、文字识别、指纹识别、色情识别、特定目标识别、跟踪制导，等等。针对某一特定需求，如果目标定义清晰、识别场景合理，也可根据大量图像数据为专家提供分析依据。

图像识别技术在电气上的应用主要是在监测电气设备的状态上。在国内，对基于图像的电力设备检测和自动分析相关的研究主要集中在理论方法分析及可行性研究阶段。

在输电线路检测方面，杨永辉等研究了图像和视频分析在输电线路监控系统中的应用，能够自动识别出输电线路的多种安全隐患，如大型机械靠近作业、飘挂物、导线覆冰、大风天气产生的导线舞动以及在高负荷状态时出现的弧垂等；2012 年，同济大学的刘鳗鹏研究了基于可见光图像和紫外线的输电线路故障自动检测方法，提出了一种简单高效的检测输电线断股的算法，该算法分为端点识别、水平校正、异常标记、距离计算等几个步骤。其中，端点识别主要依据的是输电线的端点特征；对输电线图像的水平校正主要通过端点进行计算；异常标记主要是用 Freeman 链码标记异常点；距离计算则是计算异常点与输电线边缘的垂直距离，该距离为断股故障的主要判断依据；上海交通大学的刘亚东提出结合图像处理和摄影测量技术，根据飞机巡检采集在不同拍摄位置和角度拍摄传回的多张现场照片,利用立体像对前方交会算法实现对输电线路弧垂和对地距离的测量。

输电线路覆冰图像检测和分析的研究较多,重庆大学、西安工程大学、北京航空航天大学等高校都开展了相关的研究工作,主要研究思路有两种,一种是利用图像处理的方法比较前后两幅图像的差异来检测覆冰的厚度,还有一种是直接对输电线覆冰图像进行处理,并建立三维坐标系统,通过点的坐标来确定覆冰的厚度。这两种方法虽然能够检测输电线覆冰的厚度,但是算法的鲁棒性还需要进一步提高。

绝缘子图像分析在国内研究内容较丰富,主要集中在绝缘子识别提取,绝缘子污秽、裂纹、覆冰检测等方面。葛玉敏提出一种基于航拍可见光图像的绝缘子表面状态检测方法,该方法通过建立模糊综合评判数学模型来计算绝缘子的污秽等级和判断绝缘子表面是否有裂纹;杨浩等人提出运用计算机双目视觉技术计算绝缘子附冰厚度和重量,主要过程为:先获得两幅从不同位置采集的绝缘子覆冰图像,这两幅图像则反映了覆冰绝缘子在三维空间中的位置关系;然后通过视差的原理重建覆冰绝缘子的三维模型,在计算出其空间坐标的同时,也可以通过云模型计算出附冰厚度和重量,还可反映绝缘子覆冰的厚度分布特征;徐耀良等人提出了一种基于阈值分割与分步定位的绝缘子提取算法,可以从航拍巡线图像中分离出绝缘子部分,并且该算法能够有效滤除复杂背景的干扰,得到准确的绝缘子图;针对航拍绝缘子图像的特点,赵振兵等人提出对使用 NSCT(Non-Subsampled Countourlet Transform)法来提取绝缘子的边缘,该方法主要分为预处理、NTSC(National Television Standards Committee)分解、局部阈值计算、滤波四个步骤。其中,预处理主要使用灰度变换算法,局部阈值由系数分块之后计算得到,之后对所得的边缘图像进行形态学滤波,使其边缘图像更清晰,如图 4-1 所示。

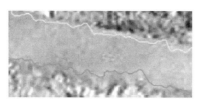

时间	覆冰厚度/mm	
	人工观测厚度	图像监测厚度
2010-01-01	2.4	3.5
2010-01-02	3.2	5.1
2010-01-03	3.3	4.5
2010-01-04	3.1	4.6

图 4-1　利用图像设备技术测量覆冰

传统的图像识别技术是以浅层次结构模型为主，需要人为对图像进行预处理，图像识别的准确率较低。而深度学习作为更为先进的识别技术，其目的是通过构建一个多层网络，在此网络上计算机自动学习并得到数据隐含在内部的关系，提取出更高维、更抽象的数据，使学习到的特征更具有表达力。本书对深度学习的基本概念作一简介，其次对深度学习常用的结构模型进行概述说明，主要包括卷积神经网络（CNN）、循环神经网络（RNN）、生成对抗网络（GAN）、YOLO 算法。

深度学习本质上就是一个不断进行特征描述的过程，即分层级的特征提取过程，特征提取得越多、越准确，则越容易达到过拟合，特征提取得越少、越模糊，则容易达到欠拟合。因此如何利用海量数据来训练模型参数，使得其训练结果达到准确度的峰值便是深度学习的难点所在。

深度学习按数据是否具有标签可分为非监督学习与监督学习。非监督学习方法主要包括受限玻尔兹曼机、自动编码器、深层信念网络、深层玻尔兹曼机等。监督学习方法主要包括深层感知器、深层前馈网络、卷积神经网络、深层堆叠网络、循环神经网络等。混合深度学习通常以生成式或者判别式深度学习网络的结果作为重要辅助，克服了生成式网络模型的不足。表 4-1 给出了典型深度学习模型。

表 4-1 典 型 深 度 学 习 模 型

模型名	英文名	英文缩写
受限玻尔兹曼机	Restricted Boltzmann Machine	RBM
深度置信网络	Deep Belief Network	DBN
深度玻尔兹曼机	Deep Boltzmann Machine	DBM
自编码器	Auto-Encoder	AE
稀疏自编码器	Sparse Auto-Encoder	SAE
降噪自编码器	Denoising Auto-Encoder	DAE
卷积神经网络	Convolutional Neural Network	CNN
循环神经网络	Recurrent Neural Network	RNN
深度堆叠网络	Deep Stacked Network	DSN

一、卷积神经网络（CNN）

卷积神经网络（Convolutional Neural Network，CNN）是一种特殊的深层前馈网络，CNN 模型主要包含输入层、卷积层、池化层、全连接层以及输出层。但是，在网络结构中，为了使输出更加准确，特征提取更加丰富，通常网络模型中使用多卷积层和多池化层相结合的网络模型。

卷积层和池化层（下采样）一般取若干个，采用卷积层和池化层交替设置，即一个卷积层连接一个池化层，池化层后再连接一个卷积层，依此类推。由于卷积层中输出特征面的每个神经元与其输入进行局部连接，并通过对应的连接权值与局部输入进行加权求和再加上偏置值，得到该神经元输入值，提取图片的特征，最后将图片特征送入全连接网络完成图像的分类识别，如图 4-2 所示。

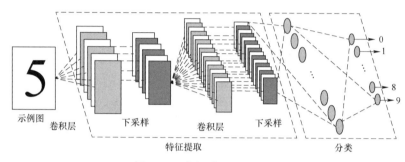

图 4-2　卷积神经网路过程

（一）卷积层

卷积层由多个特征面（Feature Map）组成，每个特征面由多个神经元组成，它的每一个神经元通过卷积核与上一层特征面的局部区域相连。卷积层的主要作用是生成图像的特征数据，它的操作主要包括窗口滑动以及局部关联两个方面。窗口滑动即通过卷积核在图像中滑动，与图像局部数据卷积，生成特征图；卷积核的滑动步长即卷积核每一次平移的距离是卷积层中一个重要的参数。设置卷积核在上一层的滑动步长为 1，卷积核大小为 1×3。CNN 中每一个卷积层的每个输出特征面的大小（即神经元的个数）$oMapN$ 满足如下关系：

$$oMapN = \frac{(iMapN - CWindow)}{Cinterval} - 1 \qquad (4-1)$$

其中，$oMapN$ 表示每一个输入特征面的大小；$CWindow$ 为卷积核的大小；$Cinterval$ 表示卷积核在其上一层的滑动步长。

局部关联即每一个神经元只对周围局部感知，综合局部的特征信息得到全局特征。假设卷积层中输出特征面 n 第 k 个神经元的输出值为 x_{nk}^{out}，而 x_{1h}^{in} 表示其输入特征面 m 第 h 个神经元的输出值，则满足下式：

$$x_{nk}^{out} = f_{cov}(x_{1h}^{in} \times w_{1(h)n(k)} + x_{1(h-1)}^{in} \times w_{1(h+1)n(k)} - \cdots - b_n) \qquad (4-2)$$

其中，b_n 为输出特征面 n 的偏置值，$f_{cov}(\bullet)$ 为非线性激励函数。

卷积操作后，需要使用线性整流函数（RELU函数）等激励函数对卷积结果进行非线性映射，保证网络模型的非线性。

（二）池化层

池化层是对特征数据进行聚合统计，降低特征映射的维度，减少出现过拟合。池化的方法有最大池化和均值池化两种，根据检测目标的内容选择池化方法。最大池化的主要作用是对图片的纹理特征进行保留提取，而均值池化主要是对图片的背景特征进行提取。为了使学习到的数据特征更加全局化，数据会经过多层卷积池化操作，再输入到全连接层。

（三）全连接层以及输出层

在CNN结构中，卷积层和池化层后面连接着1个或1个以上的全连接层，如图4-3所示。全连接层中的每个神经元与其前一层的所有神经元进行全连接。全连接层可以整合卷积层或者池化层中具有类别区分性的局部信息。全连接层会将池化后的多组数据特征组合成一组信号数据输出，进行图片类别识别。

为了提升CNN网络性能，全连接层每个神经元的激励函数一般采用RELU函数。最后一层全连接层的输出值被传递给一个输出层，可以采用Softmax逻辑回归进行分类，该层也可称为Softmax层。

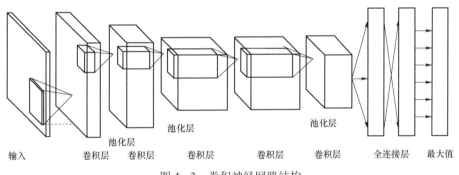

输入　　卷积层　池化层　卷积层　池化层　卷积层　卷积层　池化层　卷积层　全连接层　最大值

图4-3　卷积神经网路结构

二、循环神经网络（RNN）

在全连接的CNN中，每层神经元的信号只能向上一层传播，样本的处理在各个时刻相互独立，因此该类神经网络无法对时间序列上的变化进行建模，如样本出现的时间顺序对于自然语言处理、语音识别、手写体识别等应用非常重要。为了适应这种需求，就出现了另一种神经网络结构——循环神经网络（RNN）。RNN中神经元的输出可以在下一个时间戳直接作用到自身，即第 i 层神经元在 t 时刻的输入，除了（$i-1$）层神经元在 $t-1$ 时刻的输出外，还包括其自身在 t 时刻的输入。如图 4-4 所示，（$t+1$）时刻网络的最终结果 $O_{(t+1)}$ 是该时刻输入和所有历史共同作用的结果，这就达到了对时间序列建模的目的。

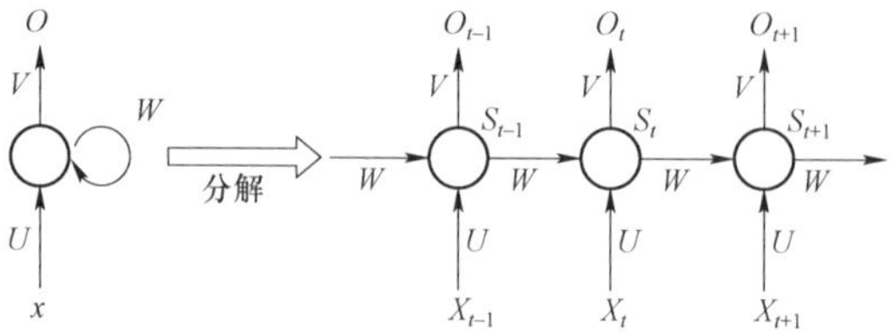

图 4-4　循环神经网络结构

RNN 在实际应用中仍有不足之处，如训练难度大、效率低、时间长、准确度低等。科研工作者在 RNN 模型的基础之上对 RNN 进行了改进，在一定程度上弥补了上述的不足，如表 4-2 所示。例如：长短时记忆网络（Long Short-Term Memory，LSTM），GRU（Gated Recurrent Unit），双向 RNN（bidirectional RNN）等模型。这些改进的 RNN 模型逐步在图像分类识别方面表现出良好的效果。

表 4-2　　　　　　　　　　　　改进的 RNN 模型特点

模型	应用场景	优点	缺点
LSTM	语音识别、图像描述、自然语言处理	解决了 RNN 存在着梯度消失或梯度爆炸等问题，能够学习长期依赖关系	网络结构很复杂，训练时间较长
GRU	语音识别、图像描述、自然语言处理	解决了 RNN 存在着梯度消失或梯度爆炸等问题，能够学习长期依赖关系，是 LSTM 的一种变形，结构比 LSTM 简单，具有更少的参数	训练时间虽然比 LSTM 有缩短，但实际时间仍较长
双向 RNN	语音识别、图像描述、自然语言处理	模型从前向后保留该词前面的词的重要信息，同时从后向前去保留该词后面的词的重要信息	存在着梯度消失或梯度爆炸等问题

三、生成对抗网络（GAN）

2014 年，Goodfellow 等人提出了一个通过对抗过程估计生成模型的框架——生成对抗网络（Generate AdversarialNetwork，GAN）。该框架需要训练两个模型：用来捕获数据分布的生成模型 G（Generative Model），以及用来估计样本来自训练数据的概率的判别模型 D（Discriminative Model）。其网络结构如图 4-5 所示。

生成模型捕捉真实数据样本的潜在分布，并生成新的数据样本。判别模型是一个二分类器，判别区分输入的是真实数据还是生成的样本数据。判别模型输出是以概率值表示，概率值大于 0.5 则为真，概率值小于 0.5 则为假。当判别器无法区别出真实数据和生成数据时则停止训练,此时达到生成器与判别器之间判定误差的平衡,训练达到理想状态。

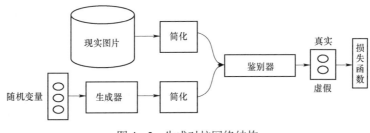

图 4-5　生成对抗网络结构

GAN 的突出特征在于双网络设计,明确地提出了利用对抗训练方式可以很好地拟合真实数据分布,从而达到样本生成的目的。同时 GAN 也存在一些弊端,使得其训练过程产生不稳定的现象,主要有以下问题。

(1)无法处理离散数据。GAN 的优化核心在于梯度更新,而这个过程建立在函数可微的基础上,因此 GAN 不能很好地处理离散数据,这也使得其在 NLP 等领域发展缓慢。

(2)模式坍塌。模式坍塌是 GAN 最常见的失败方式,指生成的数据只朝一个或有限个方向发展。造成的结果是输入的数据往往含有多个种类的图像,而实际的生成图像却只有一种或几种。

(3)梯度消失。在训练 GAN 网络的过程中,如果真实数据和生成数据分布之间的距离过近,重叠程度过多的情况下,便会造成梯度消失的问题。

面对以上问题,针对不同的计算性能及应用需求,衍生出多种变体模型,从而满足一系列的场景需求,具体变体模型如表 4-3 所示。

表 4-3　　　　　　　　　　　GAN 变 体 模 型

核心思想	代表算法	特点	缺陷
深度学习生成	DCGAN	结合深度学习,易于推广	不适用于文本数据的处理
半监督生成	SGAN	可对大量未标签数据分类	仅增加了多分支的激活函数,限制了样本多样性
条件式生成	CGAN	增加训练稳定性,降低训练时间	需要大量手工标注的条件数据
渐进式生成	LAPGAN	上采样,提高生成图像尺寸	连续上采样,容易引入噪声
编解码生成	BEGAN	平衡点均衡程度有明确指标,可以生成高质量图像	适用于人脸图像生成,无法生成自然图像

四、YOLO 算法

在 YOLO 算法出现前，大多数的物体检测方法首先需要使用候选区域评估的方法来生成潜在的包络框（bounding boxes），然后在包络框运行分类器，最后再根据场景中的其他物体进行重新定义和评估，相当于两个阶段。YOLO 基于回归的思想，将目标识别和目标定位两个步骤同时进行，这样就形成了 one－stage 的目标检测方式，极大地提高了目标检测的速度，达到了实时检测的要求。其中 YOLO 是第一个采用了回归思想实现 one－stage 检测的算法，如今它已经发展到 YOLOv3，检测能力已大大好于第一代的 YOLO。

YOLO 首先将输入图片统一调整成 448×448 像素，然后再将图像划分为 S×S 的网格。如果检测对象的中心落入网格单元格（grid cell）中，则该网格单元格负责检测该对象。每个网格单元格对其中的包络框进行评分，用以预测网格单元格中存在检测物的可能性。如果预测值为 0，则代表网格单元格中不存在检测物。YOLO 的每个网格单元格都可以提供复数的包络框，但是一个包络框只选择得分最高、最有可能性的物体进行预测。由于每个网格单元格只能进行局部预测，因此它可以避免同时落于几个有良好置信度的单元格之间，但是却不是所需要抓取事物的问题。

由于 YOLO 将检测作为回归问题来处理，不需要复杂的模型。YOLO 网络结构就是基于 GoogleNet 模型，其网络有 24 个卷积层，然后是 2 个完全连接层。

YOLOv2 相对于第一代 YOLO，最大的改变是进行了标准化操作。通过给所有卷积层添加批量标准化（Batch Normalization），不仅使模型标准化，同时还抛弃了更多的冗余信息，显著地提高了收敛特性。YOLOv2 首先使用完整的 448×448 分辨率对图像进行训练。这使网络有时间调整其滤波器，以便在更高分辨率的输入上更好地工作。其在检测学习时，直接使用卷积特征提取器上的完全连接层来预测包络框的坐标，而不像 Faster R－CNNR－CNN 需要手工来提取包络框。

在网络结构上，YOLOv2 取消了第一代 YOLO 所有的全连接层，而 YOLOv3 比 YOLOv2 更进一步，将卷积神经网络里面最常见的池化层全部取消掉了，而原先池化层用来缩小特征尺寸的功能改由通过增加原卷积核的步长来实现（见图 4－6）。这一改进可以算是卷积神经网络中最能提升速度的做法，不仅使得 YOLOv3 的运算速度更快，还可以将节省的运算空间应用到更多实用的操作上。最后 YOLOv3 不再使用 Softmax 对每个框进行分类，而改用多个独立的逻辑分类器代替，而逻辑只对获取到的锚框中拥有目标可能性得分最高的那一个进行操作。

Type	Filters	Size		Output	
Convolutional	32	3	3	256	256
Convolutional	64	3	3/2	128	128
Convolutional	32	1	1		
Convolutional	64	3	3		
Residual				128	128
Convolutional	128	3	3/2	64	64
Convolutional	64	1	1		
Convolutional	128	3	3		
Residual				64	64
Convolutional	256	3	3/2	32	32
Convolutional	128	1	1		
Convolutional	256	3	3		
Residual				32	32
Convolutional	512	3	3/2	16	16
Convolutional	256	1	1		
Convolutional	512	3	3		
Residual				16	16
Convolutional	1024	3	3/2	8	8
Convolutional	512	1	1		
Convolutional	1024	3	3		
Residual				8	8
Avgpool		Global			
Connected		1000			
Softmax					

图 4-6 YOLOv3 网络结构

第二节 电力二次设备图像识别算法

在电网二次系统工程验收阶段,依据二维图纸难以实现二次设备布置合理性的校验,难以保证端子排图及各类报表与数据库信息的一致,不利于二次设备安装、连接与标识等内容的规范化管控。二次设备运维检修主要呈现为装备传统、人工巡视、经验检修的特征,过多依赖落后的人工统计分析方法指导检修作业,对现场设备状态信息的实时感知能力不强,缺乏对设备多源信息实时交互系统和技术手段;在开展二次设备检修作业时,仍然依靠作业人员通过监控后台和现场对照图纸进行人工核查,人工制订安全措施和作业步骤,导致在进行检修作业时故障定位不准,安措布置时误入间隔等问题,安全方面得不到充分保障,造成电网设备等事故。

电网项目的实施,包含成百上千的被检查项,每项被逐一检查,显然工作量是巨大的,并且在"验收"阶段,这类操作,操作人员极易疲惫与犯错,致使验收工作质量不高;运维阶段,也存在类似的问题,因为工作周期长,并且工作比较艰辛,每年的次数不能得到保障,同时,运维的质量较低。

此外,对于设备是否按要求安装与施工,并且是否与运行状态图一致,这样的检查工作,虽然工作量大,但工作内容和要被检查的设备种类是稳定的,这些设备种类和状态种类，对于人来说，数量较大，很难记忆，但对于计算机来说，数量并不大。与此同时，这些设备运行的环境比较固定，操作人员是可以获得其稳定的相对高质量的运行图片的。也就是说，这个设备项目验收与运维的需求，从场景上看，是适合通过图像识别来自动化完成的。

基于此，在项目设计阶段已经规范化、文档化的前提下，利用先进的 AI 图像识别技术，是可以对"验收"和"运维"阶段进行 AI 自动化处理的，操作人员不用再人工观察情况，通过先进的图像识别技术，就能实现对设备目标的自动化识别与检查，从而解决设备与项目验收和运维中的实际问题。

一、现场需求

针对当前实际业务的调研，对于电网内实施设备项目验收与运维需求，主要体现在两大方面。

一是"设备目标"识别。对于既定的设备进行识别，及识别图片中的开关、刀闸、文字描述、按钮、把手、电源、标签等；同时，也要完成对"已有规范设计图"的识别，和系统设备运行状态图的识别。

二是"识别目标与项目规范设计一致性"识别。主要目标是自动化完成比如"开关部件的施工位置是否与规范设计要求的一致，并且检查开关部件下的文字描述是否与规范设计要求的一致；在运维阶段，完成的目标是自动化识别实际设备的状态（比如开关的开合），并与设备运行图进行语义上的比较，看其是否一致。

二、二次设备识别算法

面向二次设备的图像识别包括了对二次设备属性的识别和对二次设备文字的识别，其中对于二次设备属性的识别主要为了实现对二次设备图片的检测，名称及型号识别等，采用的算法具体如下。

（一）特征金字塔

本方案拟采用的基本网络模型框架为 RetinaNet（简称 ResNet），其中采用了特征金字塔网络（FPN）结构，如图 4-7 所示。

图 4-7 中（a）为 ResNet 的基本模型架构，去掉末尾的全连接层增加了两层全卷积，这样网络就形成一个具有五层等级的特征金字塔。这些全卷积层的特征图尺寸逐渐变小，感受野逐渐变大，组成一个完整的特征金字塔结构。特征金字塔的浅层感受野小，适合检测小物体；深层感受野大，适合检测大物体。这种利用不同卷积层的特征图进行检测的方式极大地提升了网络对小物体的检测能力。但是由于

浅层特征感受野小，细节信息丰富，缺乏用于分类的语义信息；高层特征感受野大，语义信息丰富。于是我们在 ResNet 的五层金字塔结构上增加了一个反传的 U 型结构。将高层的特征信息缩放到同样的尺度，再与下一层的特征图相加得到每层的预测特征图。这样浅层的特征图就充分结合了高层的语义信息。然后将特征金字塔的各层特征图送入回归分类子网络进行分类和回归。

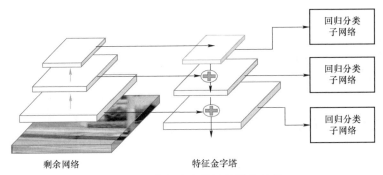

图 4-7 特征金字塔网络结构示意

（二）生成默认框

假设网路中用于检测的特征图有 m 张，那么每张特征图生成默认框的面积尺度参数为：

$$s_k = s_{\min} + \frac{s_{\max} - s_{\min}}{m-1}(k-1), k \in [1, m] \qquad (4-3)$$

其中最低层特征图产生默认框的尺度参数为 $s_{\min} = 0.2$，最高层特征图产生默认框的尺度参数为 $s_{\max} = 0.9$。对于特征图上的每个格子的默认框，我们设定一个宽高比的参数 $a_r = \{1, 2, 3, 1/2, 1/3\}$。所以每个默认框的宽和高分别为

$$w_k^a = s_k \sqrt{a_r}, \qquad h_k^a = \frac{s_k}{\sqrt{a_r}} \qquad (4-4)$$

对于宽高比 a_r 为 1 的正方形情况，我们增加一种面积尺度参数为 $s_k' = \sqrt{s_k s_{k+1}}$ 的默认框。所以，每个特征图的格子都可以产生 6 个不同的默认框。

假设每个格子都会产生 k 个不同默认框，对于每个默认框都需要预测 c 个类别概率和 4 个补偿值，假定特征图的大小为 $h \times w$，所以这个特征图后接的两个卷积层就会有 $(c+4) \times k \times h \times w$ 个输出。其中 $k \times h \times w$ 表示特征图产生的默认框总数，c 是每个默认框需要预测的物体类别数量，4 是每个默认框需要预测的回归坐标补偿值。

每张特征图的每个格子都可以产生相同数量不同大小的默认框。但是这些默认框可能会超出图像边界。所以，在产生一系列默认框后，会将超出图像边界的框剔

除，只留下在图像中的框，这些框就是 prior box。在网络中，生成的默认框只是一种理想状态的算法抽象，prior box 才是算法中产生的用于预测的有效框。

通过在每张特征图的每个格子上穷举一系列不同大小不同宽高比的默认框，就可以覆盖图中可能存在的所有物体，避免漏掉。如图 4-8 所示。

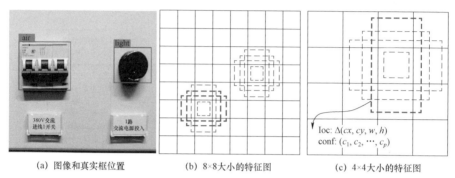

(a) 图像和真实框位置   (b) 8×8大小的特征图   (c) 4×4大小的特征图

图 4-8　生成默认框

（三）正负样本的匹配策略

对于每个真实框寻找与其 IOU 最大的 prior box，标定为正样本。对于每个 prior box 都寻找与其 IOU 大于 0.5 的真实框，如果存在的话，将 prior box 标定为正样本。这样可以丰富正样本的数量，避免了负样本的数量远超过正样本的现象。

算法继承了 MultiBox 的训练损失函数，将其扩充到解决多类通用物体的形式。记 $x_{ij}^p = \{0,1\}$ 表示第 i 个默认框是否匹配 p 类别的第 j 个真实框。训练目标损失函数是一个物体 Softmax 分类和边框回归损失的权重和。

$$L(x,c,l,g) = \frac{1}{N}[L_{conf}(x,c) + \alpha L_{loc}(x,l,g)] \qquad (4-5)$$

其中，N 是默认框中需要计算 loss 的正样本个数，如果 $N=0$，loss $=0$。α 是调节分类损失和边框回归损失对总体损失贡献的权重参数。类似 Faster R-CNN，边框回归的损失函数采用 $Smooth_{L1}$ loss。回归默认框和真实框中心坐标（cx，cy）的补偿值，和宽（w）和高（h）的补偿值。

$$L_{loc}(x,l,g) = \sum_{i \in Pos}^{N} \sum_{m \in \{cx,xy,w,h\}}^{m} x_{ij}^k Smooth_{L1}(l_i^m - \hat{g}_j^m) \qquad (4-6)$$

补偿值的计算公式为：

$$\hat{g}_j^{cx} = \frac{\hat{g}_j^{cx} - \hat{d}_j^{cx}}{d_i^w} \qquad \hat{g}_j^{cy} = \frac{\hat{g}_j^{cy} - \hat{d}_j^{cy}}{d_i^h} \qquad (4-7)$$

$$\hat{g}_j^w = \log\left(\frac{g_j^w}{d_i^w}\right) \qquad \hat{g}_j^h = \log\left(\frac{g_j^h}{d_i^h}\right) \tag{4-8}$$

这里的边框回归采用的是 $Smooth_{L1}$ loss。当预测的回归补偿值和真实的补偿值相差较大时，梯度容易爆炸。所以使用 $Smooth_{L1}$ 函数，使得网络对于大于 1 的值，梯度都为 ±1，避免了梯度爆炸。

$$Smooth_{L1}(x) = \begin{cases} 0.5x^2 & if\ |x| < 1 \\ |x| - 0.5 & \text{其他} \end{cases} \tag{4-9}$$

分类采用的 Softmax loss。这是一种逻辑回归思想在多类别分类的推广，在多类别的监督学习领域广泛使用：

$$L_{ocnf}(x,c) = -\sum_{i \in Pos}^{N} x_{ij}^p \log(\hat{c}_i^p) - \sum_{i \in Neg} \log(\hat{c}_i^0), where\, \hat{c}_i^p = \frac{\exp(c_i^p)}{\sum_p c_i^p} \tag{4-10}$$

（四）基于样本平衡的干扰目标处理

在基本的神经网络框架中，一般在特征中的每个点都会产生若干固定的候选样本框，而实际图像中目标的个数是相对较少的，因此实际训练时负样本个数远远大于正样本个数，且一般网络对干扰严重的"难样本"和普通样本是平等训练的，这造成了训练过程中的不平衡问题。

在二阶段神经网络的训练中，通常对第一阶段产生的候选框进行进一步处理和分类，以解决样本不平衡问题，而单阶段训练中一般没有解决样本不平衡的问题有效途径。本方案拟提出一种新的分类损失函数，以处理一般网络中样本不平衡的问题。具体介绍如下。

先介绍二分类中的交叉熵：

$$L(p,y) = \begin{cases} -\log(p) & y = 1 \\ -\log(1-p) & y = 0 \end{cases} \tag{4-11}$$

式中：y 代表样本标签，0 代表背景负样本，1 代表人体目标正样本。p 代表预测概率。log 代表自然对数。L 代表分类的交叉熵损失函数。

对于一般的样本平衡方法而言，通常是给交叉熵损失函数加一个调控因子：

$$L(p,y) = \begin{cases} -\alpha_1 \log(p) & y = 1 \\ -\alpha_2 \log(1-p) & y = 0 \end{cases} \tag{4-12}$$

式中：α_1 与 α_2 即为所加的加权调控因子。

这种方法是将所有正样本或负样本统一对待。而对于海面或陆地上受干扰的人体目标，本方案拟采用一种基于样本难易程度的交叉熵加权标签转换的方法。对于样本难易的程度，本方案指样本受干扰的程度，例如人体目标被遮挡的程度。具体如下式所示：

$$L(p,y) = \begin{cases} -(1-v)^{\gamma}\log(p) & y=1 \\ -\alpha\log(1-p) & y=0 \end{cases} \qquad (4-13)$$

式中：γ 与 α 为参数，其具体值可根据实验调节。v 代表对于 $y=1$ 的正样本而言可见部分占整个人体的比例。v 的范围为 0 到 1。v 越大，表示该样本越容易学习，则对损失函数的加权就越小，v 越小，表示该样本越难学习，则该样本对损失函数的加权就越大。这是一种在损失函数的角度直接平衡难易样本的方法。参数 γ 可以平滑地调节遮挡程度对损失函数的影响。对于负样本损失的权重 α 则是为了平衡正负样本的损失大小。

（五）基于损失函数排序的难样本挖掘算法

检测算法中产生的负样本数量远远多于正样本，所以需要进行"正负样本均衡操作"，让训练时的正负样本尽量满足 1:3。但是"正负样本均衡"操作并没有考虑正负样本不均衡的本质——正负样本 loss 的不均衡。为了让正负样本的学习更加均衡，我们提出基于 loss 均衡的难样本挖掘算法。整体流程如图 4-9 所示。

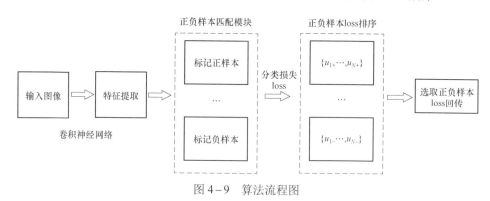

图 4-9 算法流程图

输入图像通过检测主干网络提取特征。然后网络在每层特征图的位点上产生一系列大小不同 $\{20,21/3,22/3\}$、尺度不同 $\{1:2,1:1,2:1\}$ 的候选框，如图 4-12 所示。由于特征金字塔有多层特征图，所以会产生大量的候选框。在进行正负样本匹配时，需要将所有候选框与真实物体框算一个重叠率（IOU）。设定一个阈值（一般为 0.5），对于 IOU 大于阈值的候选框，标记为正样本，反之为负样本。通过这种方式标记的正样本数量远远大于负样本。为了避免训练时正负样本失衡，导致正样本的训练无法收敛。本算法先将所有候选框按照前向传播，计算分类 Softmax loss。然后根据分类的 loss 分别对正负样本从大到小进行排序。为了避免 loss 过大，造成网络训练时的不稳定，每次可以只反传正负样本的部分候选框，同时满足正负样本的 loss 均衡。

设定一个可以调节的比例 α，每次反传的正样本数量 n 为：

$$n = [N \times \alpha] \qquad (4-14)$$

反传的负样本满足：

$$u_{1-} + u_{2-} + \cdots + u_{k-} \approx u_{1+} + u_{2+} + \cdots + u_{n+} \qquad (4-15)$$

（六）非极大值抑制

如图 4-10 所示，网络的前向传播，会给每个默认框预测一个类别的概率值。在进行测试时，可以指定一个概率阈值，剔除概率小于此阈值的默认框，从而生成最终的预测框。即使删除小概率框之后，剩下的框依旧存在较大的包含关系。为了得到更加合理的预测结果，所以需要进行极大值抑制。

图 4-10　默认框选取

算法在最后采用 NMS 算法对剩下的框进行抑制处理。具体操作如下：

（1）首先将所有默认框按预测的概率得分排序，找到得分最大的默认框 A；

（2）剩下的所有框都与 A 计算 IOU，如果 IOU 大于阈值 Δ，就将其删除；

（3）从剩下的框中选取概率最大的框重复上述过程。

三、OCR 设备文字识别

端子排等电网设备中文字检测识别技术方案主要包括两部分，一部分是文字行的检测，一部分是文字行的识别，如图 4-11 所示。随着深度学习的发展和研究，在文字行检测和识别方面深度学习的应用也较多，而且能够大幅度提高检测和识别的准确度。相应的基于深度学习的检测和识别方案对运行的硬件设备要求很高，成本也高，本技术方案在考虑经济成本、速度、准确度三者基础上形成，以下分成两部分内容分别介绍。

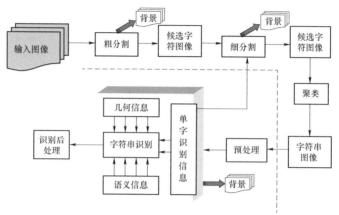

图 4-11　文字行检测及识别流程图

复杂背景图像中的字符串提取本质上是一个最大化去除非文本字符图像的过程，非文本字符图像除去的越干净、准确，那么字符串提取的准确率也就越高。根据图像中字符的三个重要的特点，提出了一个由粗到细的提取过程。

（1）粗分割。针对复杂背景图像中文字的三种稳定特征，采用三种不同的方法对图像进行预分割，融合三种分割结果生成候选文字块。粗分割流程如图 4-12 所示。

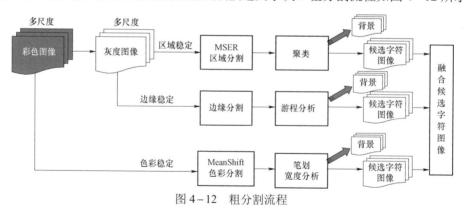

图 4-12　粗分割流程

MSER（maximally stable extremal regions）检测方法就是在输入的灰度图像中，寻找内部像素灰度全部大于或全部小于其周围像素灰度的局部图像区域，而且，内部像素灰度与其周围像素灰度之间的差异越大的局部区域越稳定。主要用于刚体的匹配和跟踪，这里稳定区域用椭圆进行拟合表示。

基于置信度的边缘分割，优点是对弱边缘的描述能力比较强；缺点在与对较短的边缘描述不够。而基于梯度的边缘分割对梯度大的边缘提取能力鲁棒，易受噪声影响，对弱边缘的响应很低。

Mean Shift 彩色图像分割是一种迭代的分割方法,将具有同一颜色的区域分割开来。图4-13即是采用该算法分割获得的边界和区域及文字提取结果。

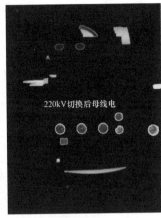

图4-13 基于MSER的文字提取结果

(2)细分割。细分割流程如图4-14所示,与传统的统计学习方法类似,但在特征的组合和选择上有所区别。综合考虑计算复杂度和对纹理的描述精确程度,本文拟选择梯度直方图和haralick特征,利用Adaboost方法集成训练决策树分类器,以期达到字符检测的目的。最终提取得到的文字行图像如图4-15所示,检测结果以文字行的外接矩形框进行表示。

图4-14 细分割流程

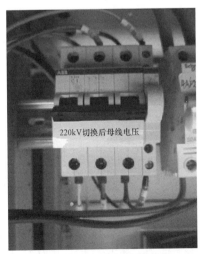

图4-15 文字行检测结果

四、二次设备图像识别系统结构

整体系统包含如下 4 个部分：系统框架与交互接口、图像预处理模块、图像识别模块和算法模型获得模块，如图 4-16 所示。

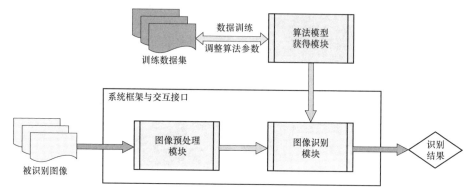

图 4-16　电网设备识别系统框架

（一）系统框架与交互接口

定义了系统外延，包含系统获取输入数据、返回输出结果、内部数据控制、流程控制、中间状态存储、全局信息维护等。系统在启动之初，框架便运行起来，它会检查整体系统运行的前置条件是否满足，同时加载用户设置的系统运行配置，以及验收或巡检需要的规范标准数据，并初始化各必要参数与信息。"核心识别引擎"的交互接口比较简单：输入部分，给出接口支持既定格式的图片输入；输出部分，给出接口返回图片识别结果。输出结果包含：

（1）当前图片是哪个设备；

（2）如果包含文字描述，那么设备与文字描述是否一致；

（3）设备部署与状态，是否与规范标准一致；

（4）考虑到最终系统部署，更多是在手持设备，或手机终端、Pad 终端，那么整体框架与各模块的开发，利用 C/C++语言，基于 Linux 平台进行开发。

（二）图像预处理模块

预处理模块，完成图像识别前的所有准备工作，从而保证得到较好识别结果，在所有图像处理过程中，这步是必需的。预处理的工作，包含图像的解析、分割、增强等过程，从而圈定出我们感兴趣的识别部分，送去进行图像识别（分类）；如果，最终确定采用深度学习的方法，那么预处理完成的任务相对少一些，但是识别数据有效性的保证也是必然需要的（具体识别采用的技术手段，是根据数据集特征和用户需求来定，针对不同的识别目标，可采用不同的识别算法，以及研发新的算法；无论是经典的识别技术，还是深度学习方法，都是看谁更加适合问题域的解决来选定）。

（三）图像识别模块

图像识别模块，根据已经获得的算法模型，对被识别图像进行识别。具体的识别过程，实际就是一个分类的过程，及通过对图片像素的计算，获取既定特征信息，再按照算法模型将特征信息进行运算，得出它分属于哪个类别的结果；当得到它所属类别落在我们既定的分类中，那么就认为它是我们要识别的目标，及在语义上表示我们识别出了一个"压板"或者一个"开关"。

对于文字的识别也是如此，因为通过调研看，现实环境中文字都是规范文字，我们初步获得包含文字的区域后，通过 OCR 技术即可获得文字的语义信息；我们将文字语义信息与上边的图像语义信息进行比较，即可满足设备与文字描述是否一致的需求。

（四）算法模型获得模块

以上三个部分是最终产品结果包含的部分，"算法模型获得模块"并不包含在最终程序部署中，它的目标是获得算法模型，是整个系统实施中的重中之重。通过对实际数据和需求的调研，针对每个识别目标，我们会预先设定一个识别算法，这些算法要通过大量数据训练获得最终的模型，并在训练中，根据识别的效果，不断需要往复调优；最终得到的算法模型，相当于一个黑盒子秘籍，用户输入的图片，沿着秘籍的定义路线走一趟，得到了它是否属于某一类设备的识别结果。实际的训练过程，也是需要开发程序来进行的，这个程序模块最后不会发布给客户，是一个独立功能的程序，完成了训练数据的输入、计算、结果输出，研发人员通过分析输出结果，再不断调整相关模型参数，最终得到一个可对既定目标进行识别的算法模型。

第三节　基于图像识别技术的二次系统验收

通过基于模型信息与图形图像识别技术的二次设备可视化验收技术，开发手持式智能识别验收设备，进行工程设计模型与二次实物设备的一致性匹配校验（见图4-17），实现二次装置、压板、端子、电缆回路等设备对象的设计图纸、模型、标签、实物的一致性比对，应用于新建和改、扩建工程的设计图纸的比对验收和精益化评价。

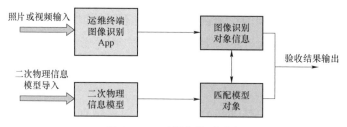

图 4-17 可视化验证示意

数字化验收步骤如下：

第一步，解析二次物理回路模型文件信息，包括二次屏柜信息、二次装置、二次空开、二次压板等二次元件信息；

第二步，进行现场验收图像采集；

第三步，将采集的图像进行图像识别，并将图像识别数据传送到后台进行后台业务数据处理；

第四步，运维后台图像将识别数据与模型数据进行一一校核，实现验收结果的自动判定；

第五步，运维后台将验收校核结果信息推送到移动端，进行现场验收结果确定，实现二次设备验收的智能化。

通过二次系统物理回路信息模型与图像识别技术实现二次设备自动化验收，可以有效提高二次设备验收质量和效率。

具体实现流程如图 4-18 所示。

（1）通过厂站二次系统设备基本内容录入模块将包括厂站名称、电压等级、屏柜名称与其编号、保护压板和端子排外接线的设计及运行模型的被测厂站二次系统设备的基本内容进行录入，并将以上内容提供给保护压板和端子排外接线设计及运行模型文件读取模块。

（2）通过被测设备保护压板、端子排信息及状态拍摄模块对被测设备保护压板、端子排外接线进行拍照，获取保护压板和端子排外接线的图像内容，并将图像内容存储、通过电力无线专网传送给二次系统设备检查服务器的保护压板和端子排外接线图像存储处理模块。

（3）通过保护压板和端子排外接线图像存储处理模块将存储的图像内容传送给保护压板和端子排外接线图像内容识别模块。

（4）通过保护压板和端子排外接线图像内容识别模块对图像内容里的对象和文字分别进行识别，包括保护压板对象识别、位置识别、标签文字识别、端子排对象识别、端子排编号识别、外接线线帽编号识别，识别结果形成数据，并将数据信息提供给保护压板和端子排外接线图像对象与图像文字匹配模块。

（5）通过保护压板和端子排外接线图像对象与图像文字匹配模块对识别结果数据进行对象与文字匹配，将压板、位置和文字进行归一性配对，实现压板的唯一性标识，将端子排、编号和外接线线帽编号进行归一性配对，实现端子排外接线的唯一性标识，匹配结果形成数据组，并将数据组信息提供给保护压板和端子排外接线图像内容拼接模块。

（6）通过保护压板和端子排外接线图像内容拼接模块对匹配结果数据组进行相对位置拼接，将同一设备上的所有保护压板按照图像实际进行相对位置拼接，将同一设备上的所有端子排外接线按照图像实际进行相对位置拼接，拼接结果形成数据阵，并将数据阵信息提供给保护压板和端子排外接线信息及状态比对检查模块。

（7）通过保护压板和端子排外接线设计及运行模型文件读取模块，读取保护压板标签标识、物理位置信息和分合状态，端子排外接线的端子排编号、线帽标签标识、外接线所接入端子排位置信息和端子排外接线是否连接状态的标准模型信息，并将标准模型信息提供给保护压板和端子排外接线信息及状态比对检查模块。

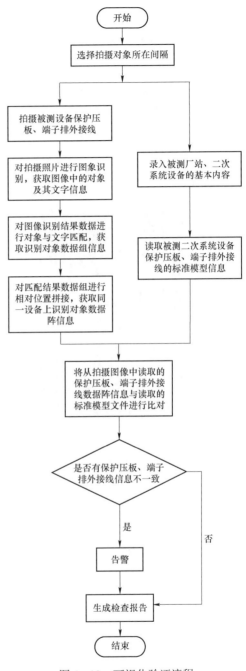

图 4-18　可视化验证流程

（8）通过保护压板和端子排外接线信息及状态比对检查模块将步骤（6）获取的保护压板、端子排外接线数据阵信息与步骤（7）获取的标准模型文件进行一致性比对检查，检查两者的数据信息是否一致，形成检查结果提供给二次系统设备检查终端的检查报告生成模块。

若压板和端子排外接线的两方信息一致，则形成检查通过结果；若压板和端子排外接线的两方信息出现不一致，则对应一致部分形成检查通过结果，对应不一致部分形成检查告警结果。

（9）通过检查报告生成模块利用电力无线专网从保护压板和端子排外接线信息及状态比对检查模块获取检查结果，并生成、输出检查报告。

其中验收应用场景如图 4-19、图 4-20 所示。

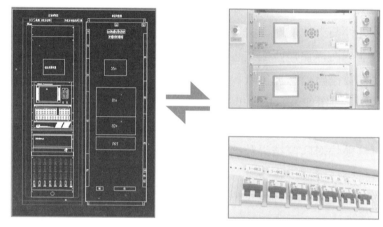

图 4-19 屏柜设计验收场景

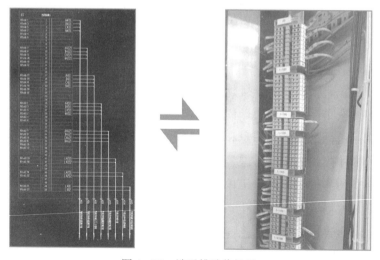

图 4-20 端子排验收场景

第五章

变电站二次电缆回路在线监测技术

第一节　电缆回路风险分析

一、断路器跳合闸回路在线监测与诊断的必要性

随着电网技术的不断进步与发展，电网运行对相应电力设备的安全性、可靠性及稳定性要求越来越高。近年来，智能变电站、无人值守变电站等应用广泛，对一次设备的可靠性和稳定性的要求更高，这不仅包括设备本身的稳定性和可靠性，还包括二次控制部分的稳定性和可靠性。

电力系统的控制对象主要包括断路器、隔离开关等设备，其中断路器是用来连接、控制电力系统设备及线路的关键设备之一，其可靠动作对保证电力系统的稳定运行尤为重要，只有其可靠动作，正确执行继电保护及自动装置的命令，才能在电力系统故障时避免事故的发生，减少事故的蔓延和扩大。因此高压断路器工作的可靠程度、性能的好坏是决定电力系统安全运行的重要因素。断路器跳合闸回路在切断一次回路中起着重要的辅助作用，是断路器重要的控制、监视和保护回路。相关研究指出，断路器跳合闸回路故障已成为断路器故障的重要原因之一，对断路器跳合闸回路进行有效监视和预警是减少断路器拒动、误动，避免大停电事故发生的重要手段，从而提高其运行可靠性。此外，当电力设备由定期维修转变为状态维修时，高压断路器的在线监测对开关设备的重要参数能进行长期连续的监测，不仅可以提供设备现有的运行状态，而且还能分析各种重要参数的变化趋势，判断有无存在故障先兆，为设备的状态维修提供依据，从而延长设备的维修保养周期，提高设备的利用率，减少维修保养费用，因而具有重要的经济意义。

国内外现有的断路器跳合闸监视方法有四种：一是采用简单直观的红（绿）灯回路直接监视；二是采用跳（合）闸位置继电器常闭触点串联启动中央信号的间接

监视；三是部分制造厂提供的操作箱中，配合有在合闸状态下的跳闸回路完整性监视信号灯（氖灯）；四是串接高内阻继电器于跳闸回路。上述四种监视方式中，前三种方式存在一个共同的问题：断路器合闸后合闸回路完整性和断路器跳闸后跳闸回路完整性失去监视，都属于非全工况监视。第四种方式的跳闸回路属于全工况监视，合闸回路仍属于非全工况监视。所以在合闸状态下，跳闸后能否再合尚属未知，供电可靠性将失去保证，仍然不是真正的全工况监视。这些问题应引起重视，并采取必要的措施予以改进。

现有的智能变电站可视化运维缺乏有效管控的技术手段和支撑平台，检修及运行操作存在误操作、误设置的可能，不利于智能变电站的安全稳定运行。对于断路器跳合闸回路只能监视其通断状态，不能实时监测回路电流。电缆故障导致回路电流异常时，无法预警，且不能对故障后果进行准确定位与评估。本项目通过变电站二次设备状态集中感知、跳合闸电流精确监测、跳合闸线圈泄漏电流趋势预警等技术研究，为变电站整体感知提供基础数据和平台支持。

二、断路器跳合闸回路在线监测与诊断目的与意义

高压断路器的跳合闸线圈是电力系统控制中保护回路的最终执行元件，又是高压断路器电磁操作机构中重要元件之一，跳合闸线圈作为一种瞬时工作元件。在《GB/T 14285—2006 继电保护和安全自动装置技术规程》中，明确要求各断路器的跳/合闸回路、重要设备和线路断路器的合闸回路等，均应装设监视回路完整性的监视装置，现有技术中的检测装置存在实质性的缺点。由于跳合闸回路监视系统不能实时监测跳合闸电流，因电缆故障导致跳合闸回路电流异常时，不能发出预警信号且定位故障点，进而不能提醒运维人员即将发生的某个跳合闸回路的故障，从而无法采取补救措施，以尽可能地减少电网跳闸概率。

同时，随着电网数字化变变电站的快速发展，常规站"看得见""摸得着"的二次回路变成了"看不见""摸不着"的"黑匣子"，大大增加了变电站运维、检修的不可控性。

基于以上问题，本书在现有断路器跳合闸回路监测方法的基础上，用霍尔电流传感器监测跳合闸回路电流的数值变化，分析断路器跳合闸回路的运行状态，设计了基于现场数字量信息采集的支持跳合闸回路监视的变电站二次设备状态集中感知应用系统，该系统集成了跳合闸回路绝缘状况的在线监视、二次回路智能诊断、二次回路智能运维、二次回路智能管控四大功能于一体，利用二次设备在线监测数据，实现了二次回路的全工况监视和保护，实时预测跳合闸回路的故障，并发出预

警信息,定位潜在的故障点,通知运维人员做好电网事故的防范工作或及时做好事故后的处理工作。消除跳合闸回路因电缆问题存在的安全隐患,减少电网跳闸概率,提高二次设备运行管控能力。

本书立足现有 IEC 61850 智能化变电站生产、运维实际,具有较强的技术前瞻和时效性,可为运维检修人员提供强有力的技术支撑,提高日常运维、故障检修的效率和准确性,对提高辖区内智能化变电站运维水平具有积极的社会意义和经济意义。

第二节　技术原理说明

一、跳合闸回路采集装置

（一）装置概述

断路器跳合闸回路采集装置是在传统断路器跳合闸回路监测方法的基础上,采用霍尔电流传感器实时监测跳合闸线圈回路电流值的变化情况,分析断路器跳合闸回路的运行状态,通过基于现场数字量信息采集的断路器跳合闸回路绝缘在线精准感知系统,预警二次设备因电缆问题存在的安全隐患,减少电网跳闸概率,提高二次设备运行管控能力,实现跳合闸回路的全工况监视和保护,能广泛服务于各类变电站高压断路器跳合闸场景需求。

跳合闸回路采集装置主要硬件接口及功能描述如表 5-1 所示。

表 5-1　　　　　　　　采集装置主要硬件接口及功能

硬件类别	数量	描述	备注
百兆光纤网口	2	2 路 LC 接口	
直流电流采集	8	通过霍尔传感器采集直流电流	精度 50mA,量程 10A
电源输入接口	1	5V 隔离电源模块 10W	输出 DC 5V 2A
BM 接收	1	1 路 BM 接收	光 BM
BM 发送	1	1 路 BM 发送	光 BM
电 BM	1	1 路 RS-485	电 BM
DI 开入量输入	4	4 路开入量输入	220V 正反接

（二）结构设计

机箱采用标准 1U 机箱,PCB 拟采用 8 层板:3 层底板、3 层信号、2 层电源,叠层为 T－G1－P1－G2－P2－S－G3－B。PCB 整体布局现设计出三种布局方式，PCB 初步沟通可以不接地，外壳的材质无要求，可以是塑料或者金属，中期可以再次沟通，确定最终的材质和接地与否。

图 5－1 是背部接口模拟图，其中编码开关对外不引出，只做调试，DB9 串口接口换成 RJ45 串口接口，保险丝放置在开关与电源端子之间，同时增加电源端子与开关的间距，2EHDBR－16P 双排绿端子改为 2EHDBR－10P 双排绿端子。

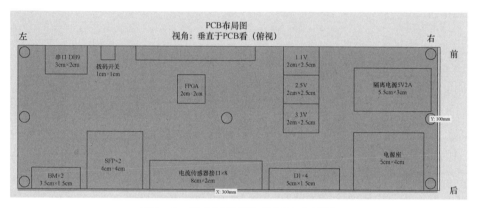

图 5－1　跳合闸采集装置 PCB 布局图

（三）功能特性

（1）采用 1U 机箱，上机柜；

（2）具有 2 对百兆 LC 型光以太网口，用于收发 GOOSE 报文信息；

（3）具有 2 路收发光串口，1 发 1 收，用于光 IRIG－B 码对时信号的接收与转发；

（4）具有 1 路电 B 码（收或发），RS－485 电平；

（5）具有 4 路快速开入接口，标准 220V DC，最大承受电压 250V DC，兼容正反接输入；

（6）具有 8 路直流电流采样，电流传感器最大量程 10A，分辨率 2mA，ADC 采样率默认 4kHz；

（7）具有运行、告警等指示灯，可直观反映采集器运行状态；

（8）具有温湿度采集功能，测量范围 －40℃～120℃，0～100%RH，分辨率 0.1℃，0.1%RH；

（9）AC/DC 220V 输入，7×24h 不断电运行；

（10）整机功耗约 7W，采用无风扇自然冷却，无噪声污染；

（11）GOOSE 事件分辨率小于 1ms。

二、跳合闸回路采集装置硬件开发

（一）硬件系统架构

系统框图如图 5-2 所示，整个系统以 FPGA 为核心，BCST6400 断路器回路采集终端的所有功能均由 FPGA 处理完成。

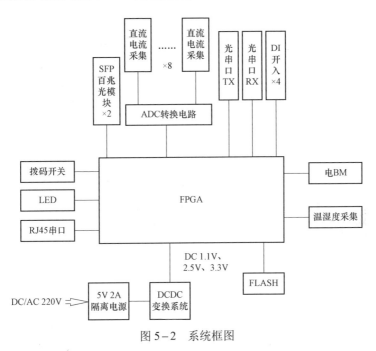

图 5-2　系统框图

（二）系统数据流

系统主要功能是监控回路中漏电流的大小，如果电流值大于设置的阈值（50mA），FPGA 通过光口发送"异常"的信息，反之发送"正常"的信息。具体如图 5-3 所示：电流传感器检测漏电流的大小，输出和漏电流呈线性关系的电压信

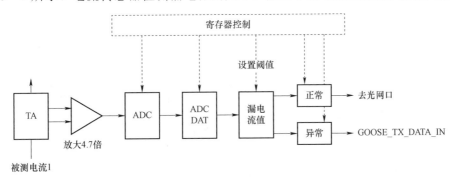

图 5-3　系统数据流

号，该电压信号送入运放，运放对电压信号进行适当的放大（理想值为 4.7 倍）后送入 ADC 中，ADC 在 FPGA 的控制下进行 AD 转换，并将结果放置在为 ADC 分配的 FIFO 中，每次转换完成后，FPGA 及时读取 FIFO 中的数据，并将 ADC 数据与设定阈值进行比较，如果大于设置的阈值（50mA），FPGA 通过光口发送"异常"的信息，反之发送"正常"的信息。

（三）FPGA 架构

FPGA 逻辑框图抽象如图 5-4 所示。FPGA 逻辑功能模块主要有寄存器控制模块、以太网接口模块以及各 IO 控制模块。

寄存器控制模块，连接到拨码开关和调试串口，可通过其控制 FPGA 内部各个模块。

以太网接口模块（PHY_IF）负责发送、接收 GOOSE 报文。在接收时，加上该包进来时的时间戳。

其他接口模块，包括 Timer Generator/PWM Generator/ADC/B 码/DI/UART/LED 等模块，负责完成光/电 B 码收发、系统对时管理、直流电流采集、温湿度采集、开入量采集等功能。

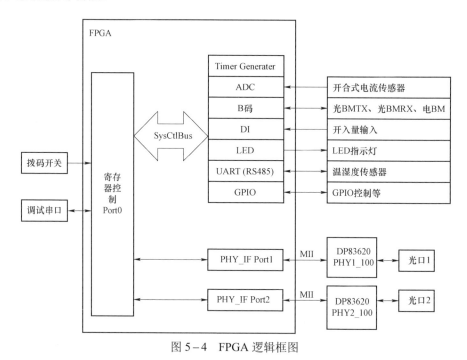

图 5-4　FPGA 逻辑框图

（四）寄存器控制模块

寄存控制模块负责控制 FPGA 内部所有模块的功能、数据流等。FPGA 内部相关模块（Timer generator，PWM Generator，PHY_IF 模块等）都将分配一定的地址空间。在寄存器控制模块，主要有 2 大接口，调试串口和拨码开关可直接控制寄存器控制模块，SysCtlBus 负责连接内部相关模块，另外通过 PHY 也可以访问寄存器。所有定义将以字节为单位定义，初步将 FPGA 内部模块段地址分配如表 5-2 所示。

表 5-2 FPGA 内部模块段地址

段地址（13 位） Addr：11 Bank：2	寄存器容量 （单位：Byte/Dword）	功能模块
0X0000—0X007F	128/32	System Manage Module
0X0080—0X00FF	128/32	UART（调试串口）
0X0100—0X017F	128/32	Reserved
0X0180—0X01FF	128/32	Eth PHY IF Port-1
0X0200—0X027F	128/32	Eth PHY IF Port-2
0X0280—0X02FF	128/32	Reserved
0X0300—0X033F	64/16	FT3-CST TX
0X0340—0X037F	64/16	FT3-CST RX
0X0380—0X047F	256/64	FT3-TX DATA BUFFER
0X0480—0X057F	256/64	FT3-RX DATA BUFFER
0X0580—0X05FF	128/32	Reserved
0X0600—0X063F	64/16	Temp&HR Collection
0X0640—0X067F	64/16	Reserved
0X0680—0X077F	256/64	I Sample（8Channels）
0X0780—0X087F	256/64	Reserved
0X0880—0X097F	256/64	Timer&Sync Module
0X0980—0X1FFF	5760/720	Reserved

（五）业务光网口模块

整个系统以太网口如图 5-5 所示，一共有 2 个以太网口，PHY1 以太网口 1 和

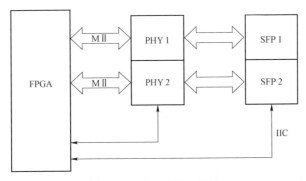

图 5-5 业务光网口框图

PHY2 以太网口 2 为固定业务光网口，100M，功能上可互换，SFP 光模块的 I2C 接口由 FPGA 配置。

业务光网口支持 200M，报文发送、报文接收以及寄存器管理，其模块框图如图 5−6 所示。

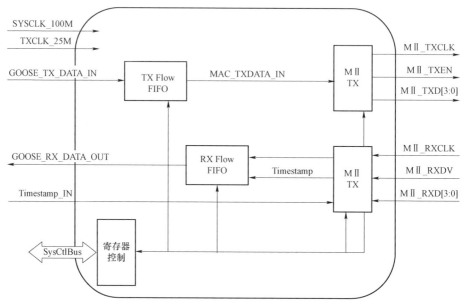

图 5−6 业务光网口模块框图

在发送侧，光网口只进行 GOOSE 发送（GOOSE_TX_DATA_IN），数据流首先经过 FIFO 缓存，一般可以缓存 2048 字节。FIFO 缓存的数据再进入 MⅡ TX 模块，严格按照 MⅡ 时序送出 FPGA。

在接收侧，光网口只进行 GOOSE 接收，MⅡ RX 首先完成 MⅡ 时序定位，获取完整的以太网数据帧，经过帧长度，CRC 校验后，在帧尾处添加 8 字节的时间戳信息，标记该包进来的实时时间。非完整的以太网帧将被丢弃，并将丢弃信息记录在寄存器。完整的以太网数据帧会进入 RX FIFO（2048 字节），再将数据送到 GOOSE_RX_DATA_OUT。

三、跳合闸回路采集装置部署与接入

（一）分层分布式部署结构

变电站跳合闸回路监测预警系统包括：传感器模块，用于采集变电站各间隔跳合闸回路电流、直流电源回路电流、温湿度数据；跳合闸回路采集装置，用于接收柜内传感器传输的数据，以及断路器位置信号，统一转换成 SV 和 GOOSE 信号，并通过光纤经交换机传输给采集单元；采集单元，汇集各数据转换装置传输的数据，并进行数据解析、存储和录波，并通过以太网线将数据传输给管理单元；管理单元，综合处理采集单元传输的数据，进行跳合闸回路的实时监测、故障告警和故障定位等业务，并提供人机交互界面，进行业务结果展示和相关业务参数设置；交换机，用于将各数据转换装置输出的数据进行汇聚并传输给采集单元。此系统采用分层分布式部署结构，如图 5-7 所示。

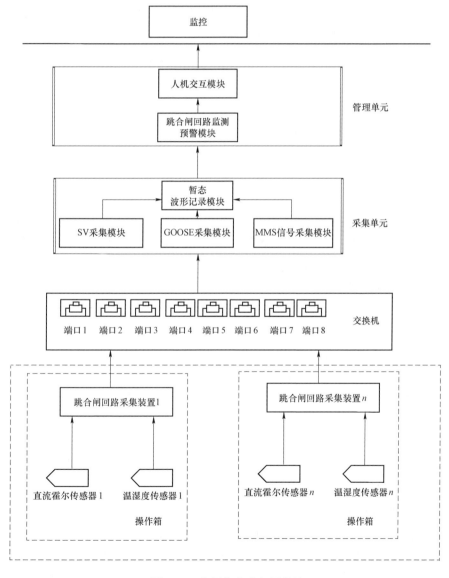

图 5-7　分层分布式部署结构

如图 5-8 所示，管理单元装置主要由 X86 双核嵌入式平台、32 位 RISC 架构 CPU+嵌入式高实时性操作系统和高速超大规模 FPGA 三部分构成。X86 双核嵌入式平台可称为上位机系统，主要实现人机交互界面功能和 MMS 通信管理、测试分析等功能。

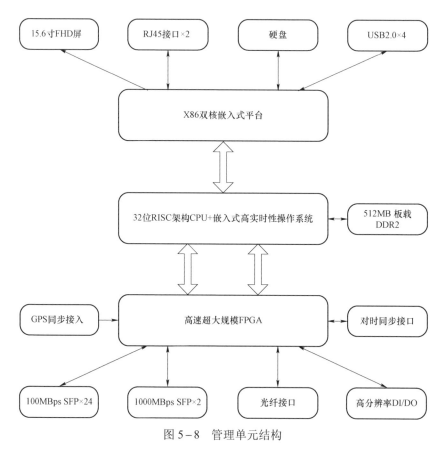

图 5-8 管理单元结构

采集单元装置主要由 32 位 RISC 架构 CPU+嵌入式高实时性操作系统和高速超大规模 FPGA 构成，主要实现模拟量、开关量采集和分析处理功能。

管理单元装置和采集单元装置之间采用 1000M 背板以太网总线通信方式，通信协议基于 TCP/IP 协议，通信容量大，通信机制稳定可靠。CPU 和 FPGA 之间采用双总线模式通信。

（二）传感器安装位置

基于目前的跳合闸监测回路只能监测回路的通断状态，不能实时监测回路的电流。如果回路发生故障，只能被动跳闸，客观接受。在原有的基础上，进行改进，化被动为主动，用传感器采集跳合闸回路电流数值，为平台层设备的数据分析、预测故障、发出预警，提供有效的数据支撑。传感器部署位置如图 5-9 所示，部署在断路器机构箱内跳闸回路处、合闸回路处、与此保护或智能终端的跳合闸回路的正电源及负电源处。

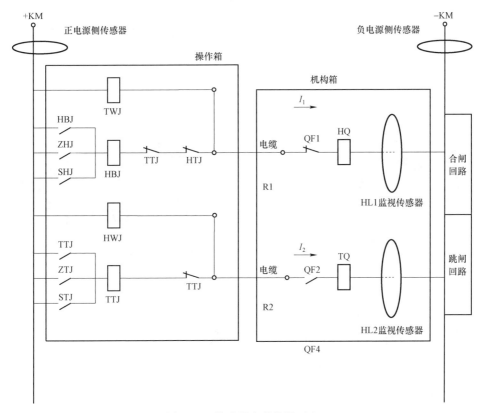

图 5-9　传感器安装位置示意

依据基尔霍夫电流定律和流入回路与流出回路电流相等原理，系统根据采集到的回路的正电源侧电流和负电源侧电流，通过比对计算，可判断出二次回路是否存在漏电流情况。

（三）高精度零磁通传感器

本设计采用开环式零磁通传感器，安装及维修简单方便，开环式零磁通电流传感器具有优越的电性能，精度高，线性度动态特性好，工作频带宽，而且体积小，不会对断路器跳合闸回路的正常运行造成影响。另外，测量回路与输出回路相互隔离，故而不必再对电流输入通道进行隔离，是一种先进的能隔离主电流回路与电子电路的电检测元件。既综合了互感器和分流器的优点，又克服了互感器只适用于工频测量和分流器无法进行隔离检测的不足。

开环式零磁通电流传感器测量范围有 100mA、1A、5A、10A、50A、100A、200A、300A、600A、1kA、2kA、5kA。额定输出为 0～20mA，整体精度：0.1%，0.01%（可选），0.001%（可选），测量带宽：DC－1MHz（3dB）稳定度：±5ppm/年，工作温度：－40℃～85℃，供电电源：+5、±5、+12、+15、±15、+24、±24V，线性度：0.001%/10ppm，5ppm（可选），2ppm（可选），稳定度：0.1%；0.001%（可选），测量一致性：0.1%；0.001%（可选）。图 5－10 为传感器的外观图。

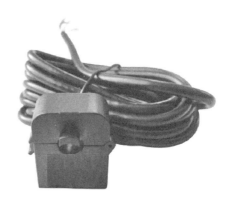

图 5－10　高精度零磁通传感器

四、跳合闸回路在线监视与诊断原理

（一）跳闸回路电流计算

1. 稳态跳闸回路电流

系统在稳态时，如图 5－11 所示，跳闸回路由装置中的合位监视继电器（HWJ）和外部跳闸线圈（TQ）组成。

I_{min} 代表稳态跳闸回路最小电流，R_1 代表合位监视继电器（HWJ）电阻，R_2 代表跳闸线圈（TQ）电阻。由于各个厂家的装置不一样，其 R_1 不一样，一般其电阻都在 40kΩ左右。同样断路器厂家不一样，跳闸线圈电阻不一样。跳闸线圈电阻在 50～200Ω。由于 R_2 电阻远远小于 R_1，R_2 电阻可忽略不计。根据国家电网公司规范要求，跳合闸回路电压为直流 220V。

令电阻 R_1=40kΩ，I=220V/400000Ω=0.0055A（取 5mA）。

由于各个厂家的 R_1 不能准确确定，结合回路中其他外在因素。计算出的电流值 I 再缩小 5 倍。即：

$$I_{min} = I/5 = 1mA$$

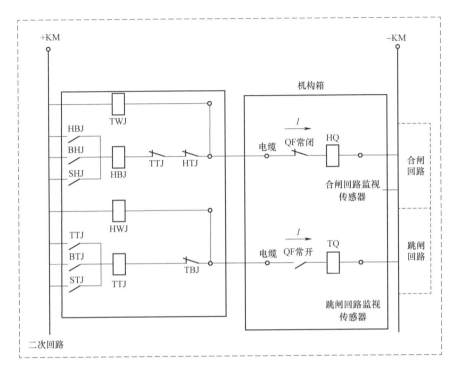

元件	描述
HWJ	合位监视保持继电器
TWJ	跳位监视保持继电器
BTJ	保护跳闸继电器节点
BHJ	保护合闸继电器节点
HBJ	合闸保持继电器
TTJ	跳闸保持继电器

图 5-11　跳合闸回路

2. 暂态跳闸回路电流

系统在暂态时，如跳合闸回路图所示，当保护动作时，其接点（BTJ）瞬间闭合，回路由跳闸保持电器（TTJ）继电器和跳闸线圈（TQ）组成。

I_{max} 代表跳闸时的回路最大电流，R_1 代表跳闸保持继电器（TTJ）电阻，R_2 代表表跳闸线圈（TQ）电阻。由于 R_1 电阻远远小于 R_2，其电阻可以忽略不计。R_2 电阻为 50～200Ω。

令 $R_2=50Ω$，$I=220V/100Ω=4.2A$。

考虑当时采集的天气参数、温湿度传感器参数、保护电源系统数据（引入强电地电流冲击干扰、电磁干扰、纹波系数、谐波、杂波、交流混入、电压值高低等情况），可能会导致回路电流幅值的变化。计算出的电流 I 可扩大 1～3 倍。这里取倍数为 1.42，即 $I_{max}=1.42I\approx6A$。

3. 跳闸回路电流分析

I 代表跳闸回路电流，跳闸回路过程可描述成三段状态（正常态、跳闸态、跳后态），正常态、跳闸态时，I 会在 1mA～6A 区间内变化。跳闸态、跳后态时，I 会在 0～10A 区间内变化。

（二）合闸回路电流计算

断路器在分闸位置，此时的回路由跳位监视继电器（TWJ）和合闸线圈（HQ）组成。同理按照跳闸回路电流计算方法，可计算出此时的最小合闸回路电流 $I_{min}=1mA$

断路器在重合阶段，此时的回路由合闸保持继电器（HBJ）和合闸线圈（HQ）组成。同理按照跳闸回路电流计算方法，可计算出此时的最大合闸回路电流 $I_{max}=10A$

（三）建立跳合闸回路模型

IEC 61850 标准在工程应用中的关键在于为变电站自动化系统中 IED 智能电子设备建立遵循该标准的数据模型，标准从系统层面和设备层面分别阐述了采用信息分层分类思想建立基本信息模型的方法步骤。

断路器跳合闸回路监测采集单元 IED 模型需要将采集的数据按照 IEC 61850 标准进行描述，嵌入用结构化控制语言形式保存的 IED 各项功能参数的 ICD 文件，才能使其可以不经中央处理单元、通信单元或协议转换单元、网关等中间环节，直接与变电站监控中心连接。IEC 61850 标准下 IED 信息建模的步骤，结合实际"跳合闸回路采集装置"的监测量，建立 IED 信息模型。根据 IEC 61850 标准定义的所有逻辑节点类型描述如表 5-3 所示，扩展的基于订阅覆盖的路由（SCBR）逻辑节点（断路器在线监测）数据描述如表 5-4 所示。

表 5-3　　　　　　　　　　逻 辑 节 点 类 型 描 述

逻辑节点	名称	节点说明
LLN0	逻辑零节点	为逻辑装置的公用信息建模
LHPD	物理装置信息	为物理装置的公用信息建模
GGIO SCBR	输入量 在线监测信息	描述电流输入量 在线监测的逻辑节点

表 5-4
逻辑节点属性描述

属性名	属性类型	属性说明
EEName	DPL	设备名牌
OpTmh	INS	运行时间
Pos	DPC	开关位置
ClsCnt	INS	合闸操作次数
OpnCnt	INS	分闸操作次数
ComAlm	SPS	通道告警
SigAlm	SPS	监测信号告警

（四）断路器跳合闸回路监测技术

依据基尔霍夫电流定律和流入回路与流出回路电流相等原理，系统根据采集到的回路的正电源侧电流和负电源侧电流，通过比对计算，可判断出二次回路是否存在漏电流情况。

系统具有四种模式的预警：电流越线预警、趋势预警、突变量预警、同期数据比对预警。

1. 电流越线预警

因跳合闸回路异常情况导致电流增加或减小，达到系统中预设置告警门槛值的上线或下线，系统发出预警。如图 5-12 所示，对跳闸回路电流、合闸回路电流、跳合闸回路的正电源侧电流、跳合闸回路的负电源侧电流，进行实时数据监测，当采样值高于高定值时产生越上限告警，当采样值小于低定值时产生越下限告警。如图 5-12 所示，t_1 时刻 $y_1 >$ YHset 产生越上限告警，t_2 时刻 $y_2 <$ YLset 产生越下限告警。

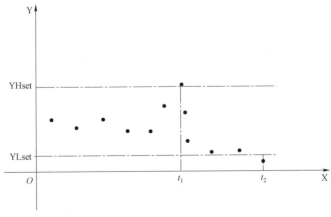

图 5-12　越限预警示意

2. 趋势预警

如图 5-13 所示，对跳闸回路电流、合闸回路电流、跳合闸回路的正电源侧电流、跳合闸回路的负电源侧电流进行历史采样数据分析，从而预估出其发展趋势，当在一定预期时间内预计采样数据会超过告警定值，则产生告警。具体的算法实现如下。

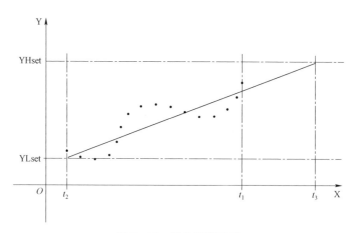

图 5-13　趋势预警示意

X 轴表示时间，Y 轴表示数据，从当前时间 t_1 向前追溯到 t_2 时刻得到一系列成对的数据 $(x_1, y_1)(x_2, y_2)\cdots(x_m, y_m)$；

将这些数据描绘在直角坐标系中，可以用这些点去拟合成一条直线，令这条直线方程如式（5-1）所示。

$$Yi = a_0 + a_1 X \qquad (5-1)$$

其中：a_0、a_1 是任意实数。

利用最小二乘法确定 a_0 和 a_1 的值，把 a_0、a_1 代入式（1-1）中，拟合出直线方程后，可以根据此方程算出在 t_3 时刻此直线会与越限边界定值 YHset（高定值）或 YLset（低定值）相交。

如果 $t_3 - t_1 < \Delta Tset$，即 t_3 与 t_1 时刻差值小于预定值，则告警。

3. 突变量告警

如 5-14 所示，对跳闸回路电流、合闸回路电流、跳合闸回路的正电源侧电流、跳合闸回路的负电源侧电流，采样差值分析，当前后两个采样点之间的数据突变差值大于设置定值时产生告警。具体的算法实现如下。

（1）t_1 时刻采样数据为 y_1，前一采样点 t_2 时刻采样数据为 y_2；

（2）两个数据的采样差值为 $\Delta y = |y_1 - y_2|$；

（3）当Δ*y* 大于设置定值ΔYset 时告警。

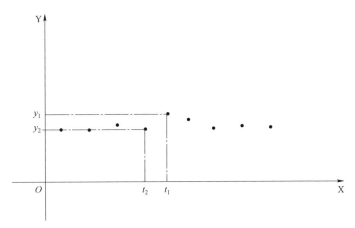

图 5－14　突变量告警示意

4. 同期数据比对预警

如图 5－15 所示，对跳闸回路电流、合闸回路电流、跳合闸回路的正电源侧电流、跳合闸回路的负电源侧电流进行历史相同时期的数据比对，同期数据差值超过设定值则产生告警。为了消除单个采样点给算法带来的误差，可以采取向前求和 n 个采样点再求均值的方法来处理。具体算法如下。

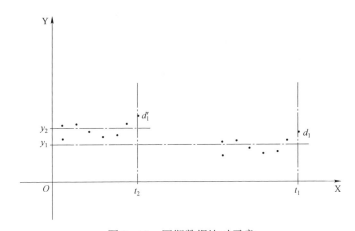

图 5－15　同期数据比对示意

（1）装置温度当前 t_1 时刻的采样数据为 d_1，m 天前的相同采样时刻 t_2 的采样数据为 d_1'；

（2）向前追溯 n 个采样点，数据分别为 d_1、d_2、d_3、$\cdots$、d_n，d_1'、d_2'、d_3'、$\cdots$、d_n'；

（3）前后采样点的均值为 $y_1=(\sum_{i=1}^{n}d_i)/n$，$y_2=(\sum_{i=1}^{n}d_i')/n$；

（4）前后的采样均值的差值为 $\Delta y=|y_1-y_2|$；

（5）当 Δy 大于设置定值 ΔY_{set} 时产生告警。

（五）状态评估及趋势分析

将经过信号处理后获得的特征参量与规定的允许参数或判别标准进行比较，从而确定断路器的跳合闸回路工作状态、是否存在故障以及故障的类型和性质等，同时根据当前数据预测状态可能发展的趋势，进行故障趋势分析，为此应制定合理的判别准则和策略。

基于区域范围内和历史事件段内的空间和时间维度多维监测信息进行统计并根据每种状态量的状态评价算法，状态评价以 100 分制进行量化。设计断路器的运行状态评分细则，分为良好、正常、注意、异常、严重五个状态。实现断路器跳合闸回路的状态评估。如图 5－16 所示。

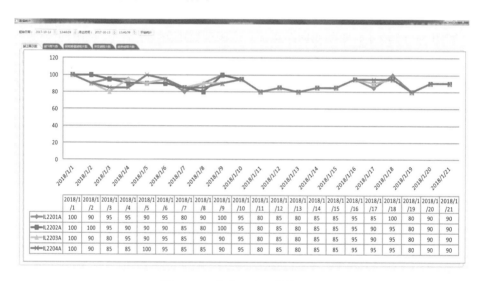

	2018/1/1	2018/1/2	2018/1/3	2018/1/4	2018/1/5	2018/1/6	2018/1/7	2018/1/8	2018/1/9	2018/1/10	2018/1/11	2018/1/12	2018/1/13	2018/1/14	2018/1/15	2018/1/16	2018/1/17	2018/1/18	2018/1/19	2018/1/20	2018/1/21
IL2201A	100	90	95	95	90	95	80	90	100	95	80	85	80	85	85	95	85	100	80	90	90
IL2202A	100	100	95	95	90	90	85	80	100	95	80	85	80	85	85	95	90	95	80	90	90
IL2203A	100	90	80	95	90	95	85	90	95	80	80	85	80	85	85	95	85	90	80	90	90
IL2204A	100	90	85	95	100	95	85	80	95	80	85	85	80	85	85	95	95	85	90	90	90

图 5－16 状态评估及趋势分析

（六）在线监测数据管理

数据库技术在计算机的应用领域有着非常重要的位置，数据库设计是项目开发过程中必不可少的一个环节，它的主要作用是存储、使用、管理数据。数据库技术是计算机实现信息管理的一个重要手段，是研究、管理、应用数据库的一门软件科学。近年来，数据库技术和计算机网络技术的发展相互促进，已然成为当今计算机科技应用广泛、发展迅速的两大领域。

对信息进行存储、统计、汇总。上位机上传过来的数据分为两类，一类是缓变数据，一类是暂态数据。缓变数据会直接存储到数据库事先安排好的表中，同时最新数据会显示在缓变数据实时监测子界面，缓变数据历史查前中所使用的数据全部来源于数据库所对应的表中。暂态数据只有在断路器开关动作时数据库里只保存断路器动作发生的时间和动作类型，设备名称、动作时间和动作类型都保存在数据库名为数据类型统计的文件中。

对信息进行修改、添加、删除。数据库的这一功能主要体现在设备信息库和系统配置中的用户管理这两个模块。对抵备信息进行修改、添加，是为了实现对监控断路器的实时控制，掌握断路器的最新动态；对设备信息进行删除，可对过期、无效的历史信息及时进行清理，即节约了数据库空间，又保证了数据的准确性。对用户信息（用户名、密码）进行操作，被删除掉的用户下次重新登录时，系统将其作为首次登录用户对待。

对信息进行浏览和查询。数据库提供对历史信息、历史数据的浏览查询功能，在缓变数据历史查询子界面，可以通过选择时间来寻找到想要的数据信息。只有软件设计人员可实现对历史数据的修改、删除。

第六章

继电保护设备移动智能运维系统

第一节 系统总体框架

本章节主要介绍继电保护设备移动运维管理系统。移动运维管理系统由主站、二维码或 RFID 电子标签、移动终端、通信通道组成。通过在移动终端上部署 App 实现继电保护设备远程可视化监视、基于图像识别和三维模型的智能运维，以及现场作业管理、作业信息采集及技术指导，并为继电保护大数据基础平台提供作业信息。

其中，继电保护设备移动运维管理主站应具备巡检管理、检验管理、验收管理、缺陷管理、台账资料管理、可视化监视、用户权限管理等功能模块，并提供二次电气设备及电缆回路二维建模引擎、二次电气设备三维运维引擎、图像及 OCR 识别运维引擎。

其中，继电保护设备移动运维终端应具备在移动端的继电保护设备巡检作业、检验作业、验收作业、缺陷管理、台账管理等 App，并提供继电保护远程可视化、二次电气设备及电缆回路二维运维 App、二次电气设备三维运维 App、图像及 OCR 识别运维 App、红外热成像测温 App、光缆可视化 App。

继电保护设备移动运维管理系统由主站、二维码或 RFID 电子标签、移动终端、通信通道组成。通过在移动终端上部署 App，并与 II 区在线监测主站进行信息交互，向移动端提供数据接口，实现三维模型上的故障定位、继电保护设备远程可视化监视、基于图像识别和三维模型的智能运维，以及现场作业管理、作业信息采集及技术指导，并为继电保护大数据基础平台提供作业信息。

系统架构如图 6-1 所示。

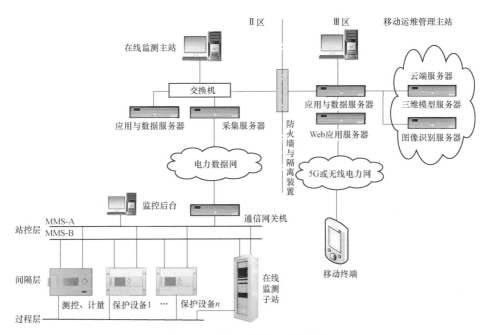

图 6-1　移动运维管理系统架构

在线监测子站支持保护信息在线监视、二次电缆回路在线监测功能，并在在线监测子站界面中提供相应的可视化界面与趋势预警。在线监测信息不能直接通过信息安全 I 区发送到信息安全Ⅲ区，需通过信息安全Ⅱ区在线监测主站平台将 I 区的在线监测信息镜像到Ⅲ区，为Ⅲ区的移动运维管理主站提供运维数据支撑。

移动运维管理主站包含云端服务器、应用与数据服务器、Web 应用服务器。云端服务器包括三维模型服务器、图像识别服务器、云端数据服务器。三维模型服务器负责移动运维主站的三维可视化监视功能；图像识别服务器负责智能运维过程中图像识别功能；云端数据服务器负责历史数据与各厂家设备数据的保存；应用与数据服务器负责智能运维过程中数据与各应用之间的交互；Web 应用服务器负责智能运维主站与移动终端的数据交互。

移动运维管理主站支持二三维二次系统可视化监视功能和基于图像识别的智能验收智能巡视安措校核等功能。移动运维管理主站可以通过云端服务器数据进行分析，制订对应的检修任务。移动终端与移动运维管理主站可以采用 5G（或者无线电力网）网络通信，实现运维过程工单作业的闭环管理。

各系统逻辑框图如图 6-2 所示。

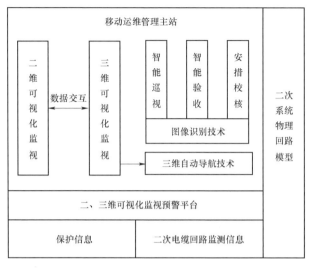

图 6-2　系统逻辑框图

第二节　二次系统运维主站

二次系统运维主站应具备巡检管理、检验管理、验收管理、缺陷管理、台账资料管理、可视化监视、用户权限管理等功能模块，并提供二次电气设备及电缆回路二维建模引擎、二次电气设备三维运维引擎、图像及 OCR 识别运维引擎。具体功能框图如图 6-3 所示。主站采用跨平台开发框架，支持主流桌面平台（Windows、Linux、Mac…），支持主流移动平台（Android、iOS、WindowsPhone…）。底层业务逻辑使用 C++语言实现。数据采集，通过 HTTP 请求，Web 提供数据采集接口。

一、巡检、检验、验收管理模块

巡检、检验、验收管理模块具备如下功能。

（1）支持作业指导书模板的新建、编辑和维护，可按电压等级和设备类型维护继电保护和安全自动装置巡检、检验、验收作业指导书模板；模板库支持各类关键字查询，如图 6-4 所示。

（2）巡检、检验、验收任务管理。具备任务单新建、派发、接收、执行、终结流程，流程支持根据用户不同管理要求自定义，任务单包括任务名称、巡检/检验/验收设备、工作时间、工作负责人等字段。具体任务流程如图 6-5 所示。

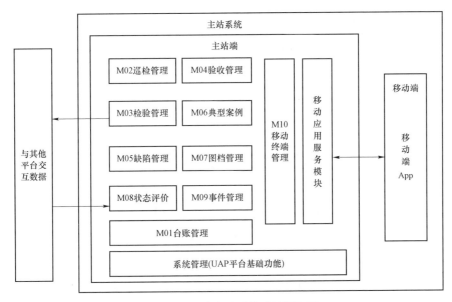

图 6-3 运维主站系统功能框架图

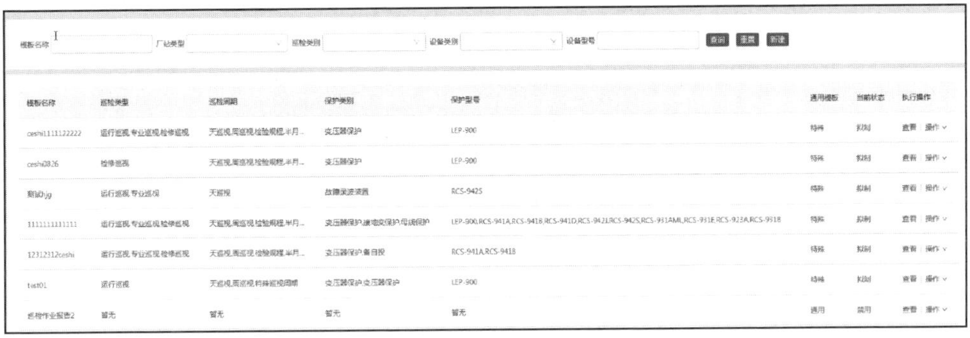

图 6-4 模板查询和管理界面

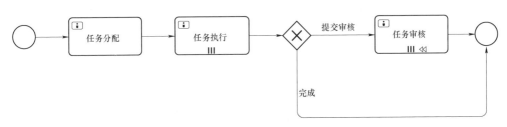

图 6-5 任务流程图

（3）巡检、检验、验收信息查询。支持查询管辖范围继电保护和安全自动装置的历史巡检、检验、验收信息、下次巡检、检验、验收时间；并具备到期应执行及超期未执行的设备查询和自动提醒功能；

（4）巡检、检验、验收任务查询，支持按任务名称、工作负责人、工作时间、执行情况等字段任务信息，如图 6-6 所示。

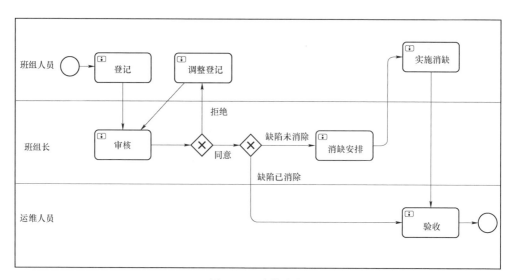

图 6-6　任务查询界面

二、缺陷管理模块

缺陷管理模块具备如下功能。

（1）消缺任务管理。具备任务单新建、派发、接收、执行、终结等流程，流程支持根据用户不同管理要求自定义，任务单包括任务名称、缺陷设备、缺陷现象、工作时间、工作负责人等字段。消缺流程如图 6-7 所示。

图 6-7　消缺流程

（2）消缺时间维护。按危急缺陷、严重缺陷、一般缺陷维护继电保护和安全自动装置的消缺时间，可以按缺陷的严重等级进行分类和排序。

（3）缺陷智能推送。支持自动匹配并推送历史缺陷库中的同类型缺陷，提示缺陷部位、缺陷原因、处理方法等信息。信息推送逻辑如图 6-8 所示。

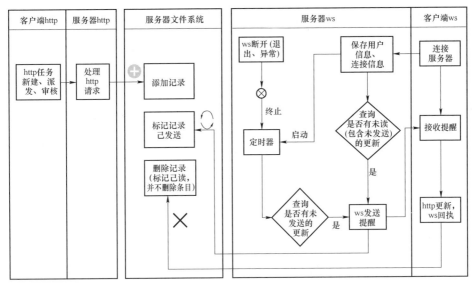

图 6-8　信息推送逻辑

（4）消缺任务审核。对缺陷的处理情况和填报信息进行审核，如果审核不通过可以打回上一级流程节点。

（5）缺陷信息查询。支持查询管辖范围内继电保护和安全自动装置的历史缺陷信息，并具备到期应执行及超期未执行的设备查询和自动提醒功能，便于及时处理超期缺陷。

（6）消缺任务查询。支持按任务名称、缺陷设备、工作负责人、工作时间、执行情况等字段查询任务信息。如图 6-9 所示。

图 6-9　消缺任务查询界面

三、台账资料管理模块

台账资料管理模块具备如下功能。

（1）分为"厂站信息""一次设备信息""二次设备信息""调度单位""运维单位""管理单位""基建单位""设计单位""资产单位""型号管理""组织机构信息""屏柜信息""间隔信息""厂家信息""电网公司"15 个子模块，每个子模块都能对该模块的数据进行增、删、改、查，并且数据能同步到主站系统，实现主站数据管理，终端数据展现功能可通过厂站名称、设备类型、设备名称、运行编号等字段查询管辖范围内继电保护和安全自动装置的台账信息和故障信息。台账查询界面如图 6-10 所示。

图 6-10 台账查询示意图

（2）支持以标准格式导出管辖范围内继电保护和安全自动装置的台账信息和故障信息；可以将台账的所有相关信息以 Excel 表格的形式导入数据库，也可以将与台账相关的所有信息以 Excel 表格的形式导出。

（3）支持图纸、技术说明书、定值单、配置文件等图档资料的上传、关联、查询、下载操作，可按变电站、屏柜、装置三级管理。图档查询界面如图 6-11 所示。

图 6-11 图档查询界面

四、继电保护设备可视化

此系统继电保护设备可视化技术，可完整展示二次装置、压板、电缆、光纤等二次设备及间隔盘柜的原理回路、物理信息等。基于运行数据关联分析，实现物理装置、元件以及回路的动态展示。技术实施方案如图6-12所示。

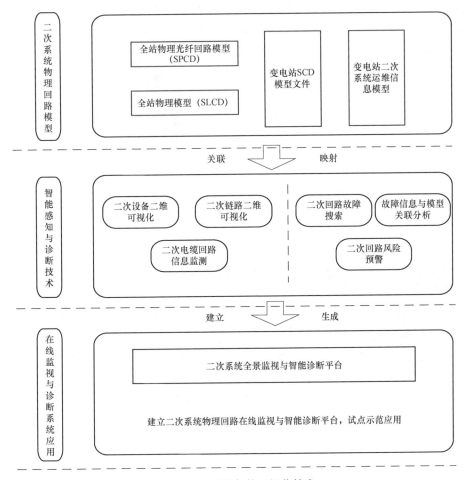

图6-12　继电保护可视化技术

（1）全景监视。IED 关联至间隔、二次逻辑节点关联至一次设备，生成 SSD 文件，实现一次主接线与保护设备状态的联合监视。保护设备状态包括运行、检修、闭锁、告警、跳闸。全景监视示意如图6-13所示。

（2）通过解析 SCD 文件和 SPCD 文件实现虚实对应，进而实现二次光缆连接可视化。同时支持小室、屏柜、装置、ODF、交换机光缆回路建模，通过数据建模和配置实现输出 SPCD 文件，实现全站光缆回路可视化及间隔光缆回路可视化。全站光缆回路可视化示意如图 6-14 所示。

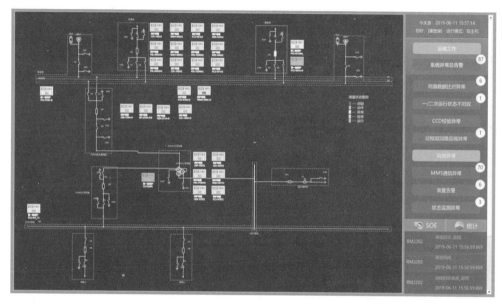

图 6-13　全景监视示意

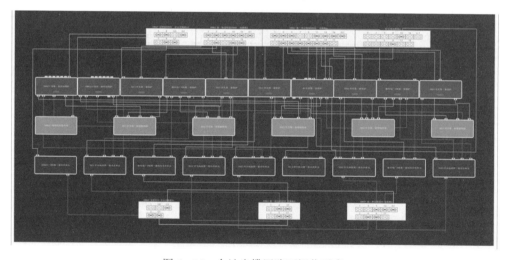

图 6-14　全站光缆回路可视化示意

（3）依据 SPCD 文件生成光纤回路编码。按 Q/GDW 11765 要求生成新建和改、扩建变电站的光纤回路编码，并可批量导出 Excel 格式的标签文件。

（4）可视化展示光缆、光纤中逻辑链路图、虚回路图。光纤回路可视化示意如图 6-15 所示。

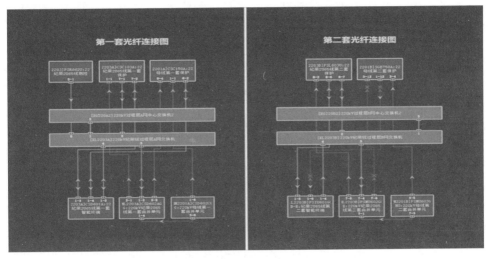

图 6-15　光纤回路可视化示意

（5）具备保护装置遥信、遥测、定值、录波文件调阅功能，及光字牌、告警、保护动作信息监视功能、保护面板指标灯监视功能。保护信息监视和装置面板示意如图 6-16 和图 6-17 所示。

图 6-16　保护信息监视示意

五、二次电气设备及电缆回路建模及可视化

开展变电站二次设备多维度通用建模技术研究，包括物理回路信息建模、运维信息建模，模型承载二次系统中二次设备、间隔设备、物理回路的属性信息和拓扑连接信息，形成二次系统全生命周期评价的通用模型，实施方案如图 6-18 所示。

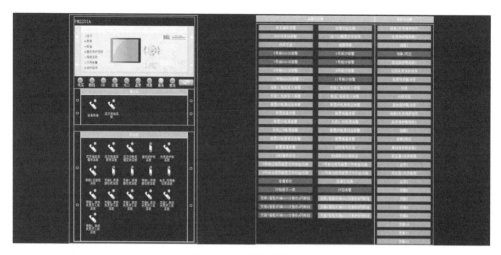

图 6-17 装置面板示意

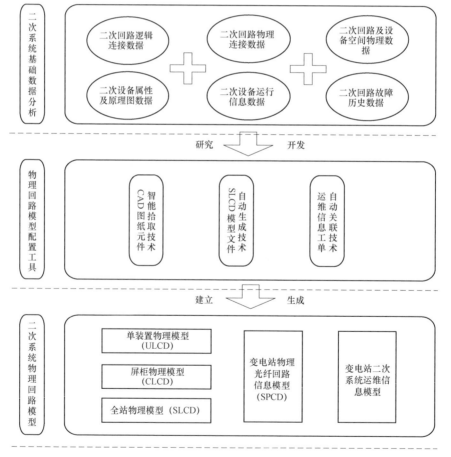

图 6-18 变电站多维度通用建模实施方案

　　二次系统多维度通用建模应包含二次设备全物理信息，其中包括二次设备的物理信息、逻辑连接信息、运维信息等，建立标准运维模型数据库，编制《变电站二次系统二次设备全物理信息模型规范》，指导工程实施中建立二次系统二次设备模型。建立标准二次设备图元库，标准化二次原理 CAD 图。模型承载二次系统中二次设备、间隔设备、物理回路的属性信息和拓扑连接信息，形成二次系统全生命周期评价的通用模型。建立标准化模型版本库。其中建立的继电保护设备二次电缆回路连接模型，包括装置/元件模型（ULCD 文件）、屏柜物理模型（CLCD 文件）及全站物理模型（SLCD 文件）。

　　由于二次物理回路模型将包含全站的电缆回路信息，因此二次物理回路原理图的展示不仅仅限于图纸，通过可视化工具可以多维度查看二次物理回路图。传统的 CAD 图展示二次电缆原理图时，通常是采用以屏柜为单位展示本屏柜内的二次物理回路，一条完整的二次物理回路涉及多张图纸，这种方式在排查二次物理回路故障时，不仅对运维人员的专业要求比较高，还降低了排查问题的效率，且不便于运维人员理解。采用模型的方式来描述二次物理回路，可以极大丰富二次物理回路的展示方式，一方面模型可以以屏柜为单位展示本屏柜的二次物理回路信息，另一方面也可以展示某一个完整二次物理回路的全部信息，通过模型的自动解析和布局实现二次电缆回路的可视化。支持以模型方式可视化展示跳合闸回路图、测量回路图，可实现元件之间的关联、跳转与快速定位。二次物理回路可视化主要实现过程如图 6-19 所示。

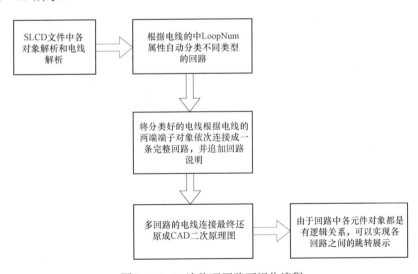

图 6-19　二次物理回路可视化流程

　　通过开发电气二次设备专用设计软件，制造厂家设计并提供 ULCD 文件、CLCD 文件，设计院设计电气二次 CAD 图，同时输出满足规范要求的 SLCD 模型文件。这种方式需开发专用设计软件，对新建变电站可以采用，对存量变电站无法采用。该软件采用 CAD 识图的方式生成 SLCD 文件，对新建变电站也可不改变现有设计院设计习惯。CAD 识图的一般流程如图 6－20 所示。

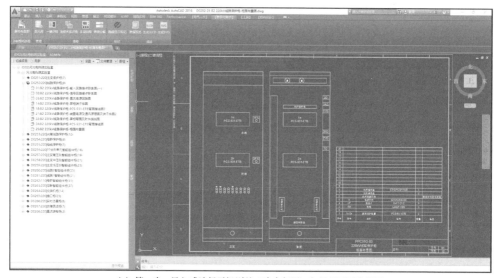

(a) 第一步：导入或选择需识别的二次电气图，如屏柜平面布置图

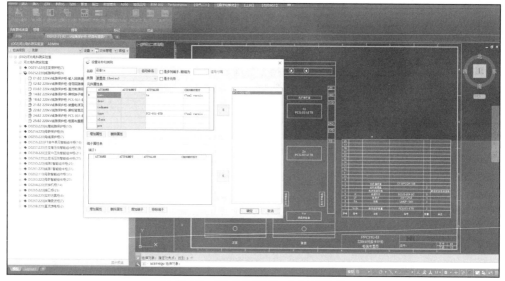

(b) 第二步：框选元件或装置，建立元件模型

图 6－20　CAD 识图流程（一）

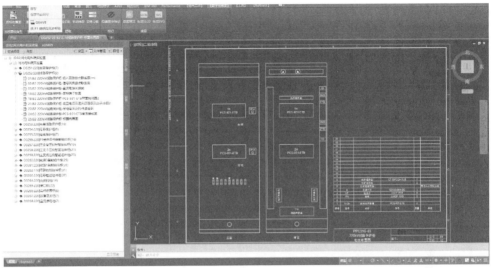

(c) 第三步：一键识图

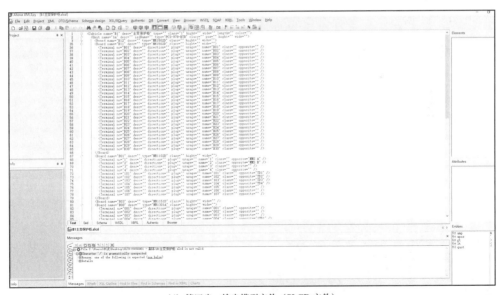

(d) 第四步：输出模型文件（SLCD 文件）

图 6-20　CAD 识图流程（二）

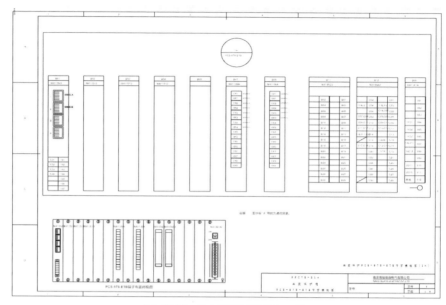

(e) 第五步：输出带模型信息的 SVG 图

图 6-20　CAD 识图流程（三）

通过在线获取保护实时信息，驱动动态图元实时显示保护当前状态，可视化展示屏柜正面图、背面图，及屏柜背面端子排、装置背板插件及端子。装置背面板示意如图 6-21 所示。

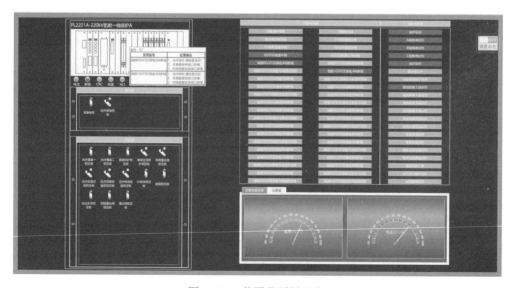

图 6-21　装置背面板示意

六、二次电气设备三维运维引擎

二次电气设备三维运维引擎通过二次物理信息模型实现在线监测子站与运维主站各业务数据的交互。在线监测子站中二次物理信息模型为二次电缆回路可视化监视提供数据模型,以实现二次电缆回路的可视化监视和二次物理信息可视化(屏柜信息、装置后面板信息等)。运维主站中二次物理信息模型为二维模型与三维模型数据交互提供依据。同时二次物理信息模型也是智能验收、智能巡视、安措校核的数据基础,以实现业务工单闭环式流程管理。其中模型建立流程如图6－22所示。

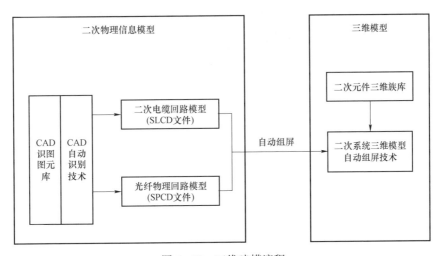

图6－22　三维建模流程

二次物理信息模型包括二次电缆回路模型(SLCD 文件)、光纤物理回路模型(SPCD 文件),通过建立 CAD 图识图图元库、CAD 自动识别技术实现自动建立二次电缆回路模型和光纤物理回路模型,三维模型建立二次元件三维族库,结合二次物理信息模型、二次系统三维模型自动组屏技术实现二次系统三维模型的建立。三维效果如图6－23所示。

二次物理信息模型与三维模型为本项目系统后续的高级业务应用提供模型支撑。模型与各业务关系如图6－24所示。

二次电气设备三维运维引擎能够创建变电站三维模型,支持基于二维 SLCD 文件自动生成三维屏柜模型,能够为移动端提供变电站保护设备三维模型和图形引擎;支持与Ⅱ区主站进行信息交互,向移动端提供数据接口,实现三维模型上的故障定位。界面示意图如图6－25所示。

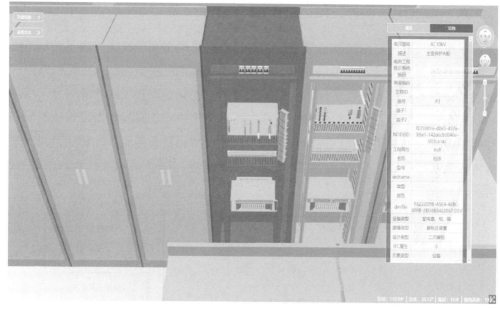

图 6-23　二次设备三维效果

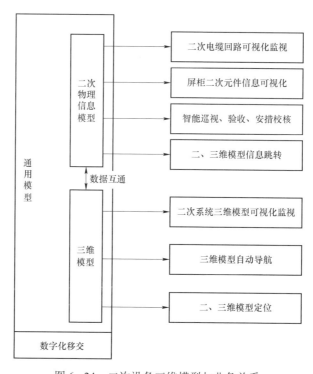

图 6-24　二次设备三维模型与业务关系

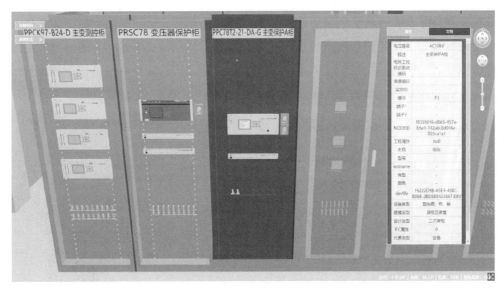

图 6-25　二次设备三维引擎界面

第三节　智能移动运维终端

　　智能移动运维终端包括在移动端的继电保护设备巡检作业、检验作业、验收作业、缺陷管理、台账管理等 App，继电保护远程可视化 App、二次电气设备及电缆回路二维运维 App、二次电气设备三维运维 App、图像及 OCR 识别运维 App、红外热成像测温 App、光缆可视化 App。

一、二次电气设备三维运维

　　通过研究三维全景信息可视化技术，开发二次电气设备三维运维 App，可完整展示二次装置、压板、空开、电缆、光纤等二次设备及间隔盘柜的原理回路、三维模型、拓扑连接及物理信息。

　　基于三维导航的二次设备智能运维构架包括变电站的二次系统运维主站、二次系统移动运维终端和数据传输装置以及二次设备三维模型模块和故障定位导航模块，二次系统运维主站通过数据传输装置与二次系统移动运维终端连接并通信，所述二次设备三维模型模块运行于二次系统运维主站和二次系统移动运维终端上，所述故障定位导航模块运行于二次系统移动运维终端上；二次设备三维模型模块，用于建立二次设备的三维模型并与一次设备的三维模型相关联，二次设备的三维模型包括二次小室、屏柜、装置和附属元件以及电缆、光纤连接的三维模型；故障定位导航模块，用于依据二次系统运维主站的故障诊断结果，精确定位到故障位置以及需要进行处理的屏柜，并根据现场作业人员位置提供消缺路径引导。通过二次系统运维主站、二次系统移动运维终端和数据传输装置以及二次设备三维模型模块和故障定位导航模块等，实现了二次设备的高效运维。如图 6-26 和图 6-27 所示。

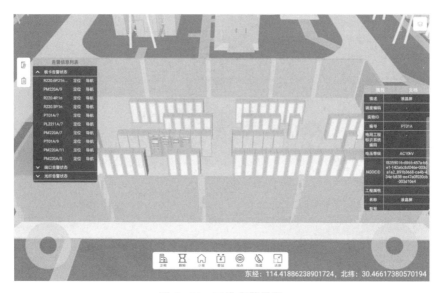

图 6-26　三维告警推送

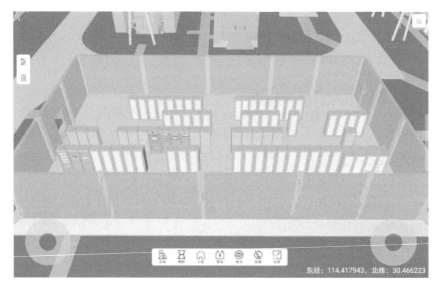

图 6-27　三维屏柜导航

基于三维导航的二次设备智能运维具体步骤如图 6-28 所示。

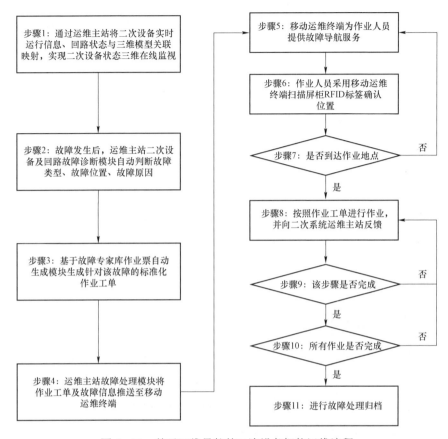

图 6-28　基于三维导航的二次设备智能运维流程

步骤 1：在二次系统运维主站中建立二次设备的三维模型，将二次设备实时运行信息和回路状态与三维模型关联映射，并实现二次设备实时运行状态的三维在线监视。

步骤 2：当变电站二次系统发生故障后，二次系统运维主站采集站内的故障录波器、网络分析仪和保信子站里的故障信息，判断故障类型、故障位置和故障原因。

步骤 3：二次系统运维主站基于故障专家库作业表自动生成模块，生成针对该故障消缺的标准作业工单。

步骤 4：二次系统运维主站将标准作业工单以及故障定位信息发送至二次系统移动运维终端。

步骤 5：二次系统移动运维终端接收二次系统运维主站发送的作业工单和故障定位信息，根据二次系统运维主站发送的位置信息，在二次系统移动运维终端三维模型中进行故障定位，并在二次系统移动运维终端中规划作业路径，为作业人员提供故障导航服务。

步骤 6：现场运维人员通过二次系统移动运维终端扫描屏柜上的 RFID 标签，获得屏柜属性信息并发送至二次系统运维主站，二次系统运维主站接收二次系统移动运维终端发来的屏柜属性信息，根据屏柜属性信息查找并确定作业地点。

步骤 7：判断是否到达作业地点，是则执行步骤 8；否则返回步骤 5。

步骤 8：现场作业人员根据二次系统移动运维终端中的标准作业工单开展作业，包括安全措施的设置、回路检查和更换插件，每一步完成后将结果反馈至二次系统运维主站。

步骤 9：二次系统运维主站确认后执行步骤 10，否则返回步骤 8。

步骤 10：现场作业人员检查标准作业工单上的作业步骤是否全部完成，若没有全部完成则返回步骤 8，若全部完成则将最终结果反馈至二次系统运维主站。

步骤 11：二次系统运维主站确认故障已消除，所有作业已完成，进行运维作业的归档整理。

二、二次光缆可视化

现阶段智能变电站过程层网络大量使用光纤组网，光纤网络的通讯正常，是二次设备正常运行的先决条件。然而由于光纤网络的复杂性以及光纤标识的不规范性，导致现场在工程实施中难以确保光纤能按设计要求正确组网，发现问题以及平时巡检时不能快速地找到对应光纤并查看相关信息。具体问题如下。

（1）基建阶段：图纸种类多，图纸查找工作量大。

（2）调试运维阶段：光纤多常规标签信息量少，图纸种类多，图纸查找工作量大。

（3）改扩建阶段：光纤多常规标签信息量少，图纸容易丢失。

智能光纤识别系统以过程层光纤设计软件为基础，以设计资料为源头，将"虚实对应"信息和电子图档信息在工业级终端上可视化展现。部署光、尾缆智能标签，跳纤智能标签，屏柜智能标签和设备光纤链路卡，实现基建、调试、运维及后期改扩建对智能变电站光纤物理回路和虚端子逻辑回路快速查阅，工程资料电子归档有利于变电站全生命周期管控及方便查阅。如图 6-29 和图 6-30 所示。

智能光纤识别系统设计模块建立变电站二次设备小室、屏柜、装置模型及变电站光缆光纤连接模型，输出整个变电站光缆、光纤标签信息文件及满足规范要求的 SPCD 文件。手持移动终端扫描光缆、光纤标签上的二维码，快速定位光缆、光纤并获取其物理连接信息和光纤中传输的虚回路信息；也可扫描装置二维码或 RFID 快速跳转至装置图，输出各端口的光缆、光纤标签信息，以及 IED、交换机、ODF 的物理连接信息，快速调阅光纤中的虚回路信息。

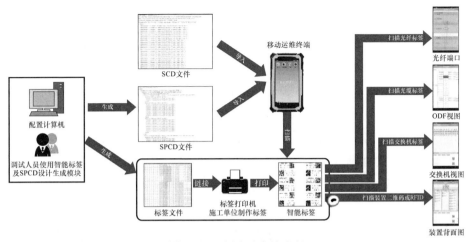

图 6-29　新建站实施流程

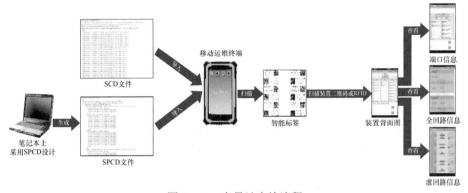

图 6-30　存量站实施流程

　　二维码扫描模块用于直接定位查阅的具体对象。二维码扫描的对象包括光纤、光缆、尾缆、装置。根据不同类型对象展示相应的可视化界面。

　　1. 二维码扫描功能模块特点

　　（1）二维码扫描功能模块提供悬挂签的二维码存储信息应包含电网地区代码、地区代码、变电站电压等级编号、变电站代码、光缆（或跳缆）编号、本端屏柜编号六部分。二维码编码方式应为"电网地区代码+地区代码+变电站电压等级编号+变电站代码/光缆（或尾缆）编号 Cable.name/本端屏柜编号 Cubicle.name"。

　　（2）P 型旗型签的二维码存储信息应包含电网地区代码、地区代码、变电站电压等级编号、变电站代码、光缆（或尾缆）编号、纤芯编号、本端屏柜编号、装置编号、板卡编号、端口描述十部分。二维码编码方式应为"电网地区代码+地区代码+变电站电压等级编号+变电站代码/光缆（或尾缆）编号 Cable.name-纤芯编号 Core.no/本端屏柜编号 Cubicle.name/装置编号 Unit.name/板卡编号 Board.slot/端口描述 Port.no+Port.direction"。

（3）备用纤芯的 P 型旗型签二维码存储信息应包含电网地区代码、地区代码、变电站电压等级编号、变电站代码、光缆（或尾缆）编号、纤芯编号等六部分。二维码编码方式应为"电网地区代码+地区代码+变电站电压等级编号+变电站代码/光缆（或尾缆）编号 Cable.name－纤芯编号 Core.no"

（4）装置的二维码为装置的唯一身份识别码，属于另外一套规范；本系统采用导入 Excel 的方式对应装置与二维码。

对准二维码扫描，会出现对应的光缆、尾缆、光纤的信息。如图 6－31 至图 6－33 所示。

图 6－31　光缆：7R500.4W05　　图 6－32　尾缆：Z_35/P9　　图 6－33　光纤：S_68－4/
WA.DC.EB-725　　　　　　　　　　　　　　　　　　　　　　　　HWHKG23/4n/G/1Tx

终端识别以上二维码得到的可视化图形分别如图 6－34、图 6－35 所示。

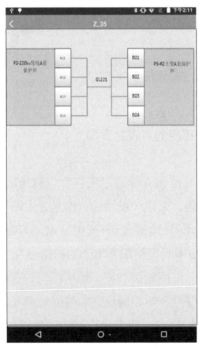 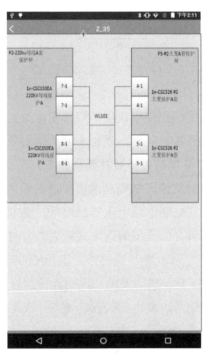

(a) 光缆　　　　　　　　　　　　　　　　　(b) 尾缆

图 6－34　光缆、尾缆

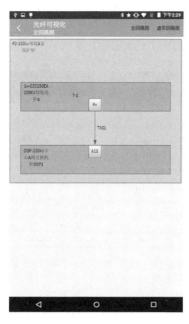

图 6-35　光纤

2. 屏柜信息可视化

（1）屏柜信息可视化仅包含正面图、背板图、线缆清册，默认显示屏柜正面如图 6-36 所示。

图 6-36　屏柜列表、屏柜正面图

（2）正面图可展示 ODF 逻辑视图或 ODF 视图，如图 6-37 所示；再点击 ODF 视图，可进入全回路图，如图 6-38 所示。

图 6-37　ODF 逻辑视图、ODF 视图

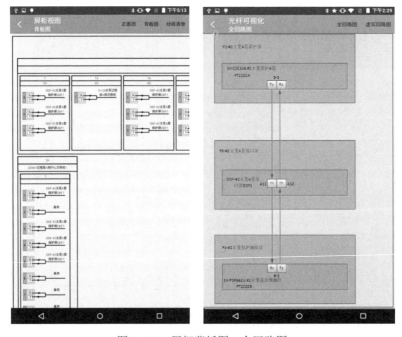

图 6-38　屏柜背板图、全回路图

（3）背板图可展示全回路图或虚实回路图，如图 6-39 所示。

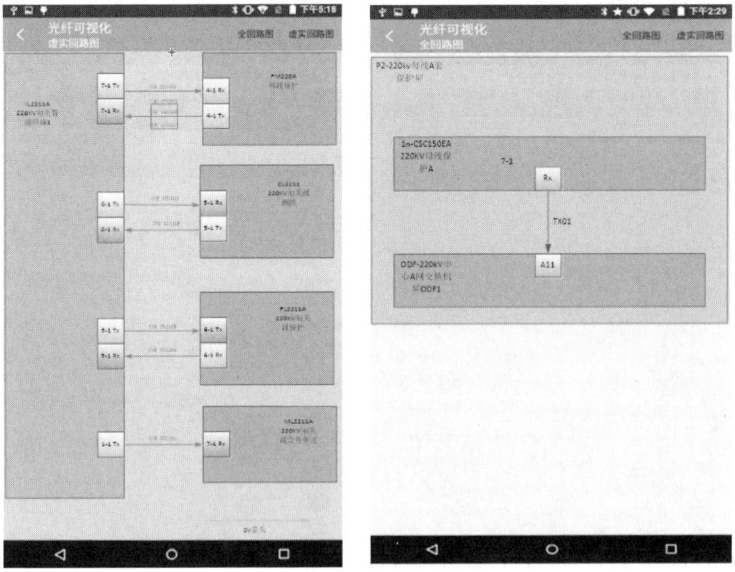

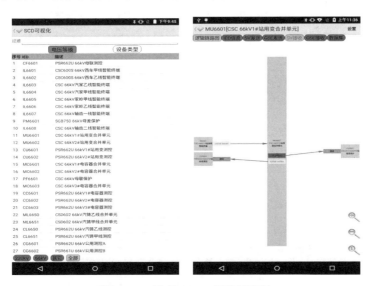

图 6-39　虚实回路图、跳纤全回路图

（4）线缆清册可展示光缆、尾缆、跳纤视图。

3. SCD 可视化

（1）SCD 图形可视化：可按 IED 类型、电压等级或间隔类型对 IED 进行排序，支持 SCD 文件以逻辑链路图、虚回路图的方式进行可视化展示见图 6-40。

图 6-40　全站 IED、逻辑链路图

（2）虚端子表可视化：支持 SV、GOOSE 按输入、输出虚端子表方式进行展示，并可导出单个或全 IED 的虚端子表见图 6-41。

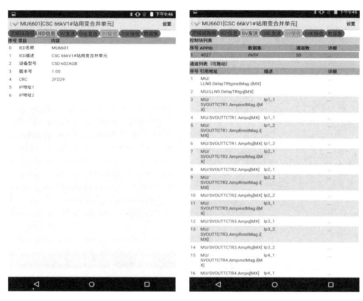

图 6-41　IED 信息、SV 发送

（3）MMS 模型可视化：支持 MMS 信息按数据集、报告控制块、日志控制块的方式进行展示见图 6-42。

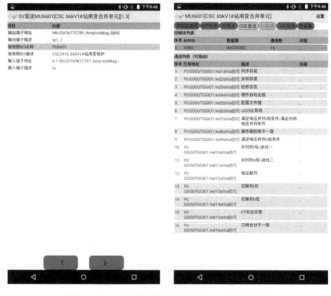

图 6-42　SV 发送详细界面、GSE 发送

第七章

二次设备智能测试与自动验收

第一节　二次设备智能测试技术及装置

一、基于逻辑节点信息比对的继电保护自动闭环测试技术

现阶段,针对继电保护的自动测试,都是基于自动测试模板的概念进行,将目标保护需要进行的测试项目分解成继电器特性和保护元件等测试模块,测试仪对目标保护进行类型识别,通过测试模板的组合,形成目标保护的全部测试项目,例如过流保护的测试,测试仪调用过流测试模块输出特征故障量来实现。同时,测试仪能够根据目标保护的定值进行故障量输出的自动配置,经过测试模块的参数自动配置后,测试模块可输出满足目标保护动作要求的故障量。通过构建所需的测试项目,自动配置各测试项目的故障量输出,测试仪可对目标保护的测试过程实现自动化,从开始测试到完成、输出测试报告,无须人工干预。

但对于测试结果,测试人员只能借助保护装置的事件记录和故障报文等信息进行人工的、基于经验的分析,以至于出现了当前"过程执行自动化、结果分析人工化"这样一种不协调的局面,一方面造成过程执行和结果诊断不同步;另一方面人工分析难免存在分析片面、判断失误等情况,主要原因在于测试仪的测试项目与继电保护信息反馈间缺乏对应关系。例如对目标保护装置的过流保护功能测试,测试仪调取过流测试元件,输出满足过流保护动作条件的电流量至目标保护,在目标保护的过流保护动作后,测试仪接收目标保护的跳闸输出信息停止故障量输出,形成闭环自动测试。对于目标保护的跳闸输出信息,一般只包括断路器跳闸、重合闸、保护启动失灵等信息,并没有保护动作情况的描述(哪个保护元件动作),测试仪无法通过跳闸信息得到哪个保护元件动作,进而无法判断动作逻辑是否正确,无法对继电保护的动作正确性进行自动诊断。

智能变电站继电保护采用 IEC 61850 标准模型建模,采用基于 XML 技术的 SCL 语言对继电保护的功能进行了描述,形成装置配置文件(ICD),继电保护设备的保护功能由保护逻辑节点组成。逻辑节点包含了状态信息、定值信息等数据和数据属性,代表了一个保护功能,逻辑节点的状态信息描述了该逻辑节点所代表保护功能的动作情况,包括启动、动作等描述;定值是保护功能运行所需要的数据。例如线路保护的保护功能由差动保护(PDIF)、距离保护(PDIS)等逻辑节点组成,差动保护 PDIF 中状态信息为启动 str 和动作 op,定值为动作低值 LoSet、动作高值 HiSet、最小动作时间 MinOpMmms 等。

(一)自动闭环测试结构

这种能对继电保护装置动作的正确性进行自动诊断的智能变电站继电保护装置自动闭环测试方法,面向智能变电站继电保护装置的逻辑节点,测试项目和逻辑节点具有对应关联,能够在测试过程中对被测继电保护装置的逻辑节点状态信息进行动作正确性诊断,实现测试过程执行和测试结果诊断的同步,一方面省去人工对测试结果的分析,另一方面可在测试过程中及时发现有问题的测试结果,避免测试过程"带病"运行,提高测试效率。

如图 7-1 所示,智能变电站继电保护装置自动闭环测试系统包括智能测试仪和智能变电站继电保护装置;智能变电站继电保护装置的 SV 接口通过 SV 网络接所述智能测试仪的相应接口;智能变电站继电保护装置的 GOOSE 接口通过 GOOSE 网络接所述智能测试仪的相应接口;智能变电站继电保护装置的站控层通过 MMS 服务与所述智能测试仪的相应接口相连接。

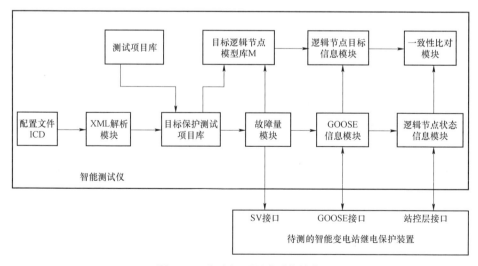

图 7-1 自动闭环测试系统结构

智能测试仪上安装了智能变电站继电保护装置模型配置文件 ICD、XML 解析模块、GOOSE 信息模块、逻辑节点目标信息模块、逻辑节点状态信息模块、一致性对比模块和故障量模块。

（二）自动闭环流程

（1）基于 IEC 61850 标准规定的智能变电站继电保护装置逻辑节点信息在所述智能测试仪中构建测试项目，形成测试项目库；每个逻辑节点对应一个测试项目，每个测试项目包括一个以上的测试专项。

（2）智能测试仪通过所述 XML 解析模块对所述智能变电站继电保护装置模型配置文件 ICD 进行解析，读取所述智能变电站继电保护装置模型的信息，获得智能变电站继电保护装置逻辑节点信息，按照智能变电站继电保护装置逻辑节点信息，从测试项目库中寻找对应的测试项目，构成目标保护测试项目库；在所述目标保护测试项目库中提取的待测的智能变电站继电保护装置模型的信息，存储为目标逻辑节点模型库 M。

（3）智能测试仪的故障量模块通过 SV 网与待测的智能变电站继电保护装置进行通信，在 T_0 时刻向待测的智能变电站继电保护装置输出与其相应测试项目的故障量，同时所述故障量模块对目标逻辑节点模型库 M 中的相对应的智能变电站继电保护装置模型逻辑节点进行赋值，得到待测的智能变电站继电保护装置的逻辑节点目标信息，将所述逻辑节点目标信息存储在所述逻辑节点目标信息模块中。

（4）智能测试仪通过 GOOSE 网络接收待测的智能变电站继电保护装置的 GOOSE 信息，将所述 GOOSE 信息中保护动作时刻 T_1 记录在所述 GOOSE 信息模块中；所述智能测试仪通过站控层接口接收待测的智能变电站继电保护装置的保护动作事件报告服务信息，将所述保护动作事件报告服务信息存储在所述逻辑节点状态信息模块中。

（5）智能测试仪的一致性对比模块分别读取逻辑节点目标信息模块和逻辑节点状态信息模块中 T_1 数据信息，进行一致性比对；若数据信息一致，则表示保护动作结果正确；若数据信息不一致，则表示保护动作结果不正确。

二、二次设备智能测试诊断系统

智能变电站二次设备虚拟测试诊断系统，基于 IEC 61850 虚拟机实现智能变电站站端 SCD 校核、二次设备虚拟、变电站真实环境仿真、安措预演、基于虚拟环境的闭环一键式测试等功能，为智能变电站改扩建、出厂调试、现场联调、投运验收、运维检修及工厂化应急消缺提供工厂化调试环境。

（一）系统结构

智能变电站二次设备智能测试诊断系统的系统结构如图 7-2 所示。

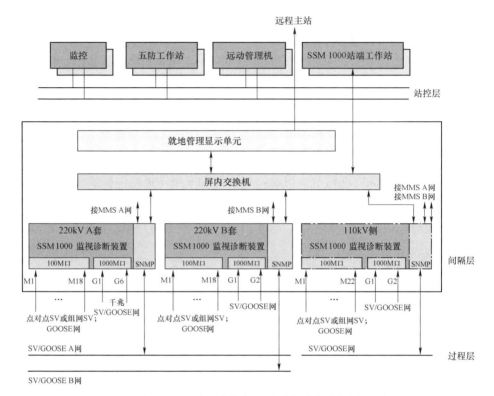

图 7-2　二次设备智能测试诊断系统结构图

平台硬件组成如下。

（1）VTS7600D 虚拟机（两台）：虚拟二次设备。

（2）TS2000P 时间同步系统：输出对时，同步系统内各装置。

（3）电力交换机、内部交换机：装置之间相互通信。

（4）SNT3000D 网络压力装置：模拟还原现场网络环境。

（5）虚拟移动终端：现场抓取报文并进行比对。

主要技术指标如下。

（1）24 路 100Mbps 光以太网接口，6 对为 ST 接口，18 对为 LC 接口。

（2）2 路 1000Mbps 光以太网接口。

（3）2 路 100Mbps 电以太网接口。

（4）整机处理能力能满足所有端口同时工作。

（5）8 个发送光串行接口，2 个接收光串行接口。

（6）支持 GPS 接入，支持两路 PPS、两路 IRIG－B、IEEE 1588 同步信号接入。

（7）具有 1 路电 IRIG－B 码输入接口、2 路电 B 码输出接口，时间输出精度优于 100ns。

（8）具有 8 路硬接点开入，支持无源或有源 24V/110V/220V，有源接点支持无极性接入。

（9）具有硬接点 8 路开出，其中 2 路为快速开出接点，接点开出时间小于 100μs。

（10）发送 SV 采样值报文时间间隔均匀性优于 1μs。

（11）SV 监测功能：频率在 20.0～80.0Hz，电压电流有效值测量误差优于 0.05%，相位测量误差优于 0.01°，频率测量误差优于 0.002Hz。

（12）具有 4 个 USB 接口，就地控制台采用工业级液晶屏，1600×900 分辨率。

（13）供电电源为单相供电电源：额定电压 220V AC，范围为 80～250V AC，电源频率范围为 40～60Hz，功率消耗小于 60W。

（二）系统功能介绍

智能变电站二次设备智能测试诊断系统主要由 SCD 可视化及校核工具、二次系统虚拟测试系统和网络负载压力测试工具三大部分组成。

SCD 可视化及校核工具可提供基于断面的 SCD 文件可视化比对，支持静态校核，可导入 ICD/CID/CCD 等文件与 SCD 文件进行一致性校核，支持基于中间模型文件的虚回路自动审查；二次虚拟测试系统支持虚拟机—物理设备和虚拟机—虚拟机两种测试模式，具有基于中间模型文件的一键式测试功能，支持定值一键式下装及比对；网络负载压力测试工具具备网络负载模拟及网络压力测试功能。

在虚拟机—物理设备的模式下，虚拟机与被测 IED 的连接关系包括 SV、GOOSE 发送/接收的光口对光口直接连接，也包括通过过程层 SV/GOOSE 网络相连接，接收或发送 SV/GOOSE 报文。此外，虚拟机能通过电以太网接口与 MMS 网相连，虚拟客户端与被测 IED 进行 MMS 报文交互。

虚拟机—虚拟机测试依据 SCD 文件搜索改扩建或检修设备的关联 IED，依据关联 IED 构成最小虚拟系统，采用基于虚拟机及虚拟变电站真实环境，保证对于被测 IED，其外部特性与变电站环境真实一致。

智能变电站二次设备智能测试诊断系统主要功能如下。

1. 最小测试系统

根据配置的 IED 自动生成最小测试系统图，如图 7－3 所示，在最小系统图中自动分配虚拟 IED 的光接口。

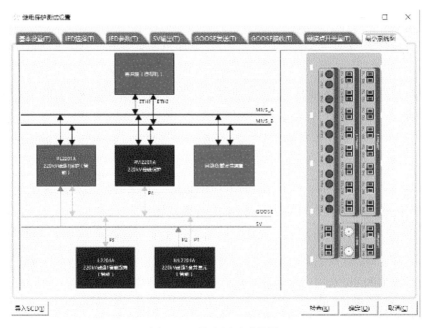

图 7-3 最小测试系统图

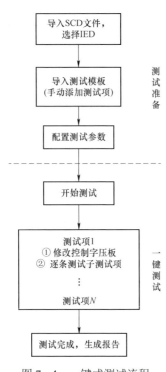

图 7-4 一键式测试流程

2. 客户端和 IED 虚拟

能虚拟客户端，读取并显示保护装置的功能压板、SV/GOOSE 软压板状态，读取并显示保护装置测试过程中的告警光字牌、动作光字牌状态，可实现保护装置的 MMS 闭环测试。

IED 虚拟，包括保护装置、MU、智能终端的虚拟，支持最小二次测试虚回路图的 SV/GOOSE 测试及测试过程的报文实时监测。

3. SV/GOOSE 外特性测试

支持 GOOSE 手动及自动两种变位测试模式，SV 可支持设置多个状态自动批量测试。

4. 一键式自动测试

一键式自动测试流程如图 7-4 所示。

主要步骤如下。

（1）导入 SCD 文件，选择待测 IED。由于智能变电站中各智能电子设备（IED）的各种信息（功能指标、参数等）都包含在系统配置描述（SCD）文件中，这就给继电保护装置一键式测试提供了技术基础。

继电保护装置实现一键式测试最重要的是按照继电保护装置保护定值自动计算测试参数，继电保护装置通道配置导入是非常关键的步骤。一键式测试装置可以通过导入被测继电保护装置的全站配置的 SCD 文件来获取被测继电保护装置的参数、通道配置等信息。装置导入 SCD 文件之后，选取待测试的保护，测试装置能自动将相关的 SV、GOOSE 文件添加至发送端口，同时，能对保护动作进行定义。

（2）导入测试模板（手动添加测试项）。在对变电站进行定检时，对于所有的线路保护（母线保护或其他任意类型保护），其检测的内容基本是一致的，因此，可根据同类保护的同类定检单，将测试内容逐步添加上去，生成一个与定检单测试内容和顺序一样的测试模版。实验模板中的每个测试项，按测试类型预先设置成所需的定值和压板状态。

在做同类保护的保护实验时，导入此类保护测试模板即可。这样即可节省人工添加的测试项的时间，也大大降低了反复做多组实验的出错概率。

手动添加测试任务。除了能够导入事先配置好的测试模板，在测试人员因特殊需求临时添加测试任务时，系统也支持手动添加测试任务。新添加的测试任务能够与已测任务调整顺序，测试结果也能统一，生成一个新的测试报告。

（3）配置测试参数。主要包括以下两项工作。MMS 网络定值比对与软压板投退。测试装置与保护装置的 MMS 网络相连，通过特定工具对保护装置定值和压板状态进行查看，将所需定值下装至保护装置，同时对保护装置的实验前压板状态进行修改和确认。

根据保护类型选择定值和压板模板。不同变电站里面同一厂家所生产的同一类型保护，虽然它们属于不同的 SCD，但有相同的 ICD 信息。因此，可以建立一个各类型保护的 MMS 信息数据库，实验时只需选择相应的模板，就可以轻松地获取不同保护的定值和压板信息，保证一键测试的高效性和准确性。

（4）一键式自动测试。根据测试模板，实现一键式自动测试。系统在测试每一项测试任务时，能实时查看测试任务的参数和故障量。测试完成后，能清晰显示每一项的测试结果，支持多种格式导出结果报告。所有测试任务完成之后，可将各测试项结果整合一起导出。

（三）测试模式

1. 虚拟机—物理设备测试模式

（1）可设置一台或多台设备为物理设备，如新增线路间隔时设置新增的线路保护、合并单元、智能终端为物理设备；

（2）依据 SCD 文件自动构建最小测试系统，自动配置虚拟 IED，自动分配虚拟机光口；

（3）可实现虚拟机对物理设备的 SV、GOOSE 文件外特性测试；

（4）可通过客户端改变保护装置 SV、GOOSE 文件输入、输出压板，实现不同压板状态下保护装置的外特性测试；

（5）可自动生成事件顺序记录（SOE）列表，SOE 列表包括过程层及站控层信息；

（6）SV、GOOSE 外特性测试支持手动及自动模式。

2. 虚拟机—虚拟机测试模式

（1）采用两台虚拟机，一台虚拟机虚拟检修及改扩建中的物理设备，一台虚拟机虚拟关联设备；

（2）两台虚拟机可采用同样或不同样的 SCD 文件，一台虚拟机可采用改扩建前后不同的 SCD 文件对另一台虚拟机进行测试；

（3）可通过虚拟机—虚拟机的测试模式，实现新增线路间隔后，母差保护对原有线路间隔虚回路的变化测试。

（四）典型应用场景及流程

以扩建间隔的二次设备调试为例，其流程如下。

（1）对装置中读取的 TXT/INI/XML/CCD 文件与旧 SCD 文件进行一致性校核，确保旧 SCD 文件与装置中读取的配置文件一致。

（2）对改扩建新 SCD 文件进行规范性校核，确保新 SCD 文件的规范性。

（3）对新 SCD 文件进行虚回路审查，确保新 SCD 文件虚回路连接正确。

（4）对利用新 SCD 文件生成新增线路间隔和改动后母线间隔的 TXT/INI/XML/CFG/CCD 文件与 SCD 文件进行一致性测试。

（5）虚拟机—物理设备模式下的调试，测试新增线路间隔的 SV/GOOSE 点对点。

（6）虚拟机—虚拟机模式下的调试，测试母线保护间隔的 SV/GOOSE 点对点。

（7）闭环测试保护功能测试。

（8）使用二次虚拟测试系统进行现场作业预演，支持从任务集选取操作任务和手动逐条添加操作任务两种模式，可自由选择。安措逻辑预演可及时发现操作票中的逻辑问题，避免二次安全操作逻辑错误导致的保护闭锁及保护误动事故发生。

（9）配置更新前抓取母差心跳报文，存储为检修前。

（10）配置更新后抓取母差心跳报文，存储为检修后。

（11）心跳报文比对，分析差异。

（12）导入旧间隔配置文件，模拟原有间隔对母差进行测试。

（13）新增间隔带母差传动。

（14）安措恢复。

第二节 智能变电站监控信息自动验收

一、自动验收体系架构

（一）智能变电站监控信息验收当前存在的问题

随着调控一体化运行的深入开展，变电站自动化及一次设备智能化技术得到了长足的发展，变电站二次系统设备数量逐渐上升，随之而来的是信号数量的大幅增长，智能变电站远动功能愈加丰富，变电站厂站端与调度主站端信息的交互耦合也越来越多，形式更加多样化。然而智能变电站的远动调试环节仍需借助人工或一些功能单一的调试工具来进行，缺乏功能完善的测试系统来进行全面的定量测试，由于自动化程度较低，不仅测试效率低下，而且给工作人员带来了较大的工作负担。

智能变电站调试大体可以分为两大环节：一是站内调试，二是远动调试。站内调试的工作要求采用传动或者触发信号等方式进行信息核对（简称对点），排查通信及配置问题，遥测、遥信在现场调试工作中必须在就地采用实际操作方式产生信号，以检查一、二次设备接线正确性。当站内联调完成后，开展和各级调度部门的远动对点工作。通过各级调度部门远动对点工作一般也需要采用实际操作方式产生信号，由于各级调度工作安排的非同步性，可能存在重复进行现场传动工作的问题。

传统的远动对点方法复杂、烦琐，对点工作需要在调度主站端与变电站端两端远距离对点。其具体过程为：首先，调度主站工作人员通过手机等方式与变电站端工作人员取得联系，变电站端工作人员人为对一次设备进行操作，作为输入激励；接着，调度中心接收输入激励对应的输出信息，将变电站端输入的一次设备的动作信息与调度中心接收的信息进行人工校对，最终完成对点工作。

变电站对点工作，时常受限于调度数据通信链路开通的时间，一般开通时间比较晚，工期比较紧张。变电站对点工作均由人工完成，需要变电站和调度之间需要通过电话方式逐条核对，出现问题不易查找，工作量繁重，效率较低。一个变电站存在对多个调度，如省调、地调、区调等的对点，实发工作量大，需要重复搭摊子，换间隔，给变电站工作人员和调度中心工作人员带来一系列的不便操作。图 7-5 为传统人工对点模式。

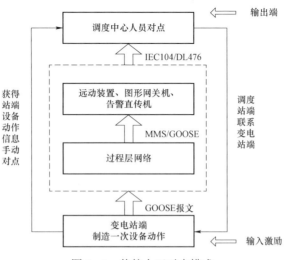

图 7-5 传统人工对点模式

由图 7-5 可见，目前国内变电站与调度中心主要的通信方式为：变电站设备信息以及运行状态通过过程层网络的 GOOSE 报文发送给站控层；站控层通过发送 MMS 报文实时传送过程层各设备信息给远动装置；远动装置通过站控层出口交换机把遥测、遥信信息通过 IEC 104/IEC 101 报文传送给调度监控中心；调度监控中心能够获得实时遥信、遥测量。

调度中心能否对变电站进行正确的监控是变电站安全、稳定运行的重要前提。要保证调度中心能够正确地对站端进行监控，实际上应保证调度中心接收信息的正确性。由于 IEC 60870-5-104 的运行状态信息中并不具有站端内某设备的具体名称，而是以信息地址标识某一站端设备名。调度中心存储了包含变电站所有设备名称和对应具体信息的存储表称作点表。

调度中心能够获取正确的远动信息，以及远动系统的正常工作是保障调度中心对变电站进行正确监控的前提。然而，调度中心要获取正确的远动信息必须保证调度主站中调度主站点表存储的信息与对应变电站设备实际信息具有一致性。变电站对点是将调度主站接收到信息与变电站设备实际信息进行校对。对点是为了对变电站的各设备的实际信息与调度中心接收到的信息进行比对，从而找出调度中心点表中存储的错误信息，同时也能对远动装置、图形网关机、告警直传机进行功能测试。对点主要用于智能变电站调试阶段验收和后期检修。

变电站当地监控及远动对点调试过程中缺乏自动化的辅助手段。现行方式主要是通过先跟模拟厂站或者模拟主站联调，在实际系统中再次人工校验，这种方式虽然可以预先解决一些信号不匹配的问题，但存在信号链路覆盖面不完整，不是系统最终的运行状态,不能发现一、二次回路接线环节的问题,运行前还是需要人工方式对点校验,工作重复,耗费大量人力和工时。

（二）智能变电站监控信息自动验收体系架构

监控信息自动验收对点通信单元主要完成变电站内和主子站之间的自动对点及验证功能,包含由变电站至调度端的上行数据（遥测、遥信、告警、保护信息等）,以及由调度主站端至变电站子站下行数据（遥控开关、刀闸、软压板等）两部分内容。

主子站上行数据自动对点数据流如图7-6所示。

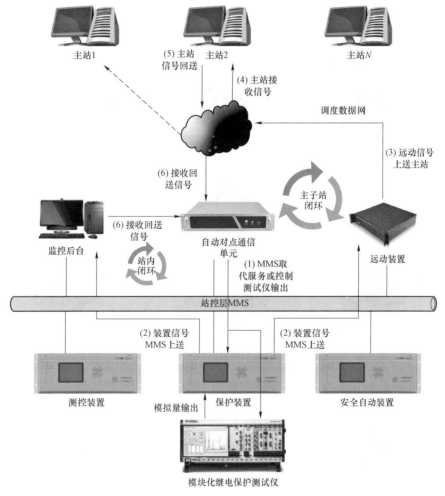

图7-6　主子站上行数据自动对点数据流

按照图7-6的监控信息自动验收流程如下。

（1）自动对点通信单元通过 MMS 取代服务触发保测装置的遥信、告警、保护动作信号上送数据网关机和监控后台,遥测类信号可以控制模块化继电保护测试仪通过实际模拟量输出给被测保测装置实现信号上送。

（2）数据网关机根据配置好的调度转发表将数据通过 IEC104 或 IEC101 协议上送调度主站，主站前置机接收上送信号后，进入调度的实时库，随后调度系统将收到的变位信号采用扩展通信协议，通过调度数据网回送到位于厂站的自动对点通信单元，自动对点通信单元检查收到调度的回送数据与第一步触发取代服务信号点的数据一致性，形成主子站自动对点测试的闭环。

（3）监控后台将接收到的保测装置的信号入库，并采用扩展通信协议，通过站控层网络回送给自动对点通信单元，自动对点通信单元检查收到监控系统的回送数据与第一步触发取代服务信号点的数据一致性，形成厂站端对点测试的闭环。

主子站下行数据自动对点数据流如图 7-7 所示。

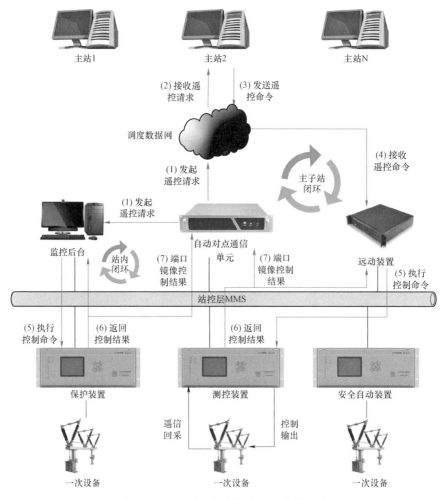

图 7-7　主子站下行数据自动对点数据流

按照图 7-7 的监控信息自动验收流程如下。

（1）自动对点通信单元通过采用扩展通信协议，向调度主站或监控后台发起控制请求。

（2）调度主站接收控制请求后，向网关机装置发出控制命令，网关机接收命令后通过 MMS 协议发送遥控命令给测控装置执行控制操作，测控装置完成操作后返回控制结果给网关机装置，自动对点通信单元通过交换机镜像获取测控返回结果（开关分合闸控制采集测控装置的双点位置信号），结合第一步主动发起的控制申请进行一致性判断，完成主子站间控制功能自动对点的闭环验证。

（3）监控后台接收控制请求后，向测控装置发起控制命令，测控装置完成操作后返回控制结果给监控后台，自动对点通信单元通过交换机镜像获取测控返回结果（开关分合闸控制采集测控装置的双点位置信号），结合第一步主动发起的控制申请进行一致性判断，完成厂站端控制功能自动对点的闭环验证。

二、自动验收策略

（一）变电站遥测与遥信闭环对点调试技术

1. 自动化测试技术

自动化测试，即在一定的预设条件下，运行系统或软件，检测系统的实际输出和预期结果是否一致。自动化测试是把以人为驱动的测试过程转化为机器执行对应指令的一种活动。通常，在测试用例设计和细化完成并通过评审之后，由测试人员根据测试用例中描述的步骤对设备或软件进行操作，并进行实际输出和用例预期结果的分析比较。在此过程中，为了节省人力、时间和硬件资源，同时提高测试效率，很自然地就会引入自动化测试过程。

传统的系统集成模型瀑布模型完整过程是接收上一项活动的工作对象，作为当前正在进行过程的输入，然后利用此输入来实施当前活动应该完成的具体内容，并给出当前活动的工作成果，以此作为输出传递给相邻的下一项活动。自动化测试作为测试技术的一种趋势，其必要性为所有通信设备制造企业所认可。其主要原因如下。

（1）提高测试效率。不仅要充分彻底地测试设备及系统，而且被迫不断地压缩测试过程时间。在设备测试过程中，只有不断地开展和执行自动化测试才有可能实现这一目标。

（2）增加覆盖率。一般来说，产品测试用例的数量可以表明测试工作量的多少。随着变电站自动化设备的功能越来越复杂，相应地测试用例数目迅速增长，因此测试工作量也越来越大。而测试项目又多，每轮测试单纯靠人力手动进行测试基本上不可能完成。

（3）替代大量手动测试。项目测试过程中，每一轮重复枯燥并且耗时的手动测试会让测试人员易于犯错和疲惫，相比而言自动化测试则会忠实地按照测试指令一条一条准确无误地执行。

（4）尽早发现问题。测试越早发现自动化系统或设备问题，修复相关问题的成本也就越低。因此尽早发现问题，能够很大程度地降低变电站自动化系统运行风险。

虽然自动化测试技术有很多优点，能够代替大部分重复的手工测试工作。但不是所有项目或测试项都适合开展自动化测试。具体地包括以下几种。

（1）定制型项目。一次性开发的产品，一旦开发完成即由客户接手维护工作，甚至项目采用的开发方式、运行环境也是由客户决定，这样的项目不适合开展自动化测试。

（2）周期很短的项目。项目持续时间很短，测试周期也就很短，如果花费精力开发自动化测试系统，结果是系统得不到重复利用，开展自动化测试就没有实际价值。

（3）易用性测试。界面美观与否、声音动听与否、交互容易与否，只有依靠人的体验才能得出。自动化测试这对这类测试无能为力。

（4）涉及物理交互的测试。软件工具无法完成与物理设备的交互，比如：设备的上电与断电、设备板卡的插拔、网线的拔插、遥信触发传动等操作。

（5）业务规则复杂的对象。实际业务逻辑复杂，业务之间有很多的逻辑关系和依赖关系，就不适用于自动化测试。

自动化测试作为测试的一种趋势，有很多优点。其最大价值在于测试系统的重复利用和反复运行。然而自动化测试不是一切项目都适用，对于一个具体的项目，我们需要在测试设计阶段进行自动化可行性分析，以决定是否需要开展自动化测试工作。

2. 模块化设计与制造技术

20 世纪 50 年代，欧美一些国家正式提出"模块化设计"概念，自此以后，模块化设计越来越引起广泛的重视。对一定范围内不同功能或相同功能不同性能、不同规格的产品进行功能分析的基础上，划分并设计出一系列功能模块，通过模块的选择和组合，以构成不同的产品，满足市场不同的需求，这种设计方法称为模块化设计。

模块化设计的相似性原理在产品功能和结构上的应用，是一种实现标准化与多样化的有机结合及多品种、小批量与效率有效统一的标准化方法。模块是模块化设计和制造的功能单元，具有三大特征。

（1）相对独立性，可以对模块单独进行设计、制造、调试、修改和存储，便于由不同的专业化企业分别进行生产。

（2）互换性，模块接口部位的结构、尺寸和参数标准化，容易实现模块间的互换，从而使模块满足更大数量的不同产品的需求。

（3）通用性，有利于实现横系列、纵系列产品间的模块的通用，实现跨系列产品间的模块的通用。

模块化设计的基本过程主要分为模块划分、模块规划、模块综合、模块接口分析四个步骤。

模块划分的实质是产品的功能、功能分解、功能组合。任何产品均可划分为若干级模块部件或组件，划分的原则是强调功能的独立性。模块是实现某个独立功能或分功能的载体，按功能划分的产品模块叫功能模块。可将产品从任意层次上进行划分，形成该级的模块。模块的层次越低，模块越简单，通用化程度越高。由于模块数量的剧增，装备的管理及费用也增加。系列、通用化较高的产品，应以组件为模块，以扩大模块的通用化范围（如计算机、家电、汽车等）。对系列、通用化较低的产品宜以部件为模块（如机床，工程机械等）。模块划分数目的确定主要考虑模块单元制造成本、模块化产品装配成本。

模块规划是指按矩阵方法把模块和产品组织起来。模块矩阵由横系列和纵系列模块组成，横系列模块是同一规格基础在变型产品范围内进行模块化设计（矩阵中的一行），纵系列模块是对同一类型不同规格基础产品进行模块化设计（主参数变化）矩阵的一列。通过跨系列和全系列的模块化，覆盖不同规模和变型产品（矩阵中的某几行或全矩阵）。

模块综合就是产品的组合过程。选择具有不同分功能的模块，评价其组合可能性和合理性，进而组合成具有特定总功能的产品。

模块接口分析是最终的实现环节，关键要求是实现高柔性化，因此必须从产品系统的整体出发，对产品功能、性能、成本诸方面的问题进行全面综合分析，合理确定模块的划分，使得产品模块通用程度高、生产批量大，以降低成本和减少各种投入，同时模块需要能够适应产品的不同功能、性能、形态等多变的因素。

（二）主、子站自动对点及安全防护技术

1. 自动对点闭环联调平台通信协议

现有的主子站系统平台，需设计调控主站与变电站综自系统之间的自动闭环联调平台，实现规约拓展、信号解析、信号激活、信号核对、报表生成等功能，利用未来态系统图形、模型校验，将图形、模型、点表等相关信息无扰动同步到在线系统。

为实现调度主站与变电站综自系统上、下行数据自动闭环联调功能，对现有IEC 104 规约进行扩展，以满足自动闭环联调过程中的上行信号自动复核功能和下行遥控自动校核功能。调控主站与厂站端联调信息交互在不改变 IEC 104 规约协议的帧结构和通信流程的前提下扩展自动闭环联调功能。

信息实时性传输技术方面，信息传输的通信方案需满足基于调度数据网络传输。主站与子站传输使用网络方式，采用 TCP/IP 协议，通信链路采用 IEC 870－5－104 标准，其应用层报文包含 APCI。

在调控支持系统中，主站和子站之间的通信一般选用经电力调度数据网，采用 TCP/IP 通信。

2. 主、子站通信安全防护技术

主、子站自动对点技术用来提高厂站信号调试的效率和可靠性，涉及厂站端的遥信、遥测、遥控数据，其核心成员自动对点管理装置需安装在安全Ⅰ区，这给整个调度数据网的安全带来隐患。

在增加主子站自动对点系统后基于现有的电力数据网通信架构，采用加密技术、数字认证技术和安全加固技术等来提高电力系统数据网的安全防护。基于当前电力系统调度数据网交互架构，增设主、子站自动对点系统信息管道，并实现新增业务与原有数据业务隔离。信息安全领域最前沿最可靠的加密技术和数字认证技术，开发相应加密解密软件模块，布置在子站自动对点管理装置端和调度端。子站自动对点通信装置、数据网关机等安全加固技术，阻止非法用户侵入和非法访问，并增加安全审计记录，用于安全事件查阅和溯源。主、子站自动对点系统与调度端信息交互，涉及自动对点装置、数据网关机、纵向加密装置。对这些设备进行严格的用户权限划分，关闭非业务端口，并增加安全审计记录功能，以增强数据交互系统的防护。

三、自动验收技术及工程应用

（一）电力数据网架构

1. 安全分区，隔离管理

为了提高电力监控系统安全防护能力，国家电网公司明确提出了"安全分区、网络专用、横向隔离、纵向认证"十六字方针。其中安全分区包括：生产控制区（Ⅰ

区）、生产非控制区（Ⅱ区）、生产管理区（Ⅲ区）和管理信息区（Ⅳ区）。生产控制区（Ⅰ区）和生产非控制区（Ⅱ区）间利用防火墙实现逻辑隔离。控制区传输实时性较高的电力数据，如遥测、遥信、遥控等信息，非控制区负责传输故障录波、电能量和保信子站等数据信息。生产控制大区（包括生产控制区、生产非控制区）与管理信息大区之间必须部署经国家指定部门检测认证的电力专用横向单向隔离装置，变电站与主站调度信息传输必须经过国家指定部门检测认证的电力专用纵向加密认证装置，纵向加密装置对业务数据进行加密后在调度数据网中传输，调度数据网划分为逻辑隔离的实时子网和非实时子网，分别连接控制区（安全Ⅰ区）和非控制区（安全Ⅱ区）。其中各区连接情况如图7-8所示。

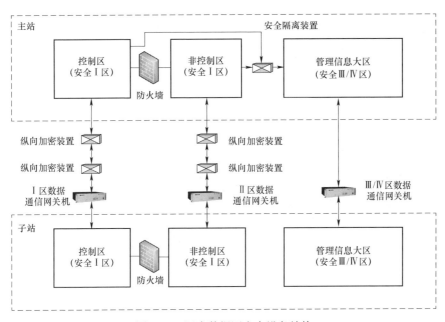

图7-8　调度数据网安全设备结构

2. 纵向加密

电力监控系统主要采用 IPsecVPN 技术实现通信加密，其在网络边界处部署纵向加密装置，该设备属于电力监控系统专用的 VPN 网关设备，调度自动化系统主站分别和变电站及发电厂建立 IPsecVPN 隧道实现对通信业务的信息安全保护。管理信息系统主要采用 SSL VPN 技术用于系统信息安全保障，远程访问用户通过SSL VPN 隧道和管理信息系统内部服务器建立安全连接。在电力系统当中，为实现数据的通信加密，还需要部署数字证书系统，通过数字证书系统给用户及纵向加密认证装置颁发证书，作为用户身份的合法证明，避免恶意分子伪造身份对系统发起网络攻击。在管理信息系统当中，用户证书通过安全写入 USB-KEY 的方式实现证书的颁发，在电力监控系统当中，设备证书通过离线导入的方式导入纵向加密认证装置当中。在电力系统当中，为保障数字证书系统的安全，其一般为离线部署，如图 7-9 所示。

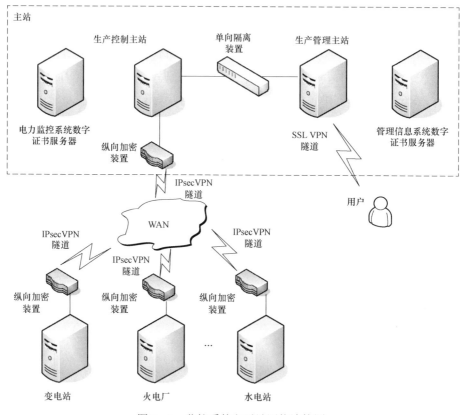

图 7-9 监控系统主子站网络连接图

（二）主站、子站自动对点技术

主子站自动对点是主站数据与厂站间隔层上送数据的对应关系，主要验证对象是数据网关机及其配置，调度数据组态配置。

在进行模拟自动对点时子站数据网关机不接入站内实际通信的保护测控装置，而是与自动对点系统进行通信，由自动对点系统模拟实现全部保护测控装置的数据交互。主站系统在本项目中，主要是增加一条通信链路与站内的自动对点系统进行连接，通过扩展规约交互相关的信息和命令。

遥测遥信闭环测试实现方式：在主站模拟对点状态下，站内自动对点系统按照对应的信号表，依据一定的规则依次产生信号点的模拟变位，数据网关机将对应的信号上送到主站系统,主站系统将接收到的信息通过扩展规约回送给站内自动验收系统,由自动验收系统完成闭环验证。

遥控闭环实现方式:在主站模拟对点状态下,站内自动对点系统按照对应的信号表,通过扩展规约向主站发起操作申请,主站按照申请的信息点完成对应的控制过程;站内自动对点系统配合完成遥控操作过程,并模拟产生对应的信号变位,主站完成对应的控制过程之后,将操作结果通过扩展规约发送给站内自动对点系统完成确认。

(三)系统主站和管理主机间的数据加密和身份认证技术

综合考虑安全和效率两方面因素,对加密算法进行研究,防止网络报文截取,伪造和篡改,研究防止网络报文重放攻击策略。在确定好加密算法后,研究加密算法管理和纵向加密装置的算法部署。

数字认证技术作为非对称加密算法的典型应用,具有报文完整性和源身份鉴别的重要作用。本项目在掌握信息技术领域的数字认证技术和策略后,研究更高可靠性的数字认证算法和方案,并将数字认证功能部署在主站、子站自动对点系统接入两端,以对调度和厂站对点测试端的数据源身份进行鉴别,防止网络报文伪造并攻击电力数据网。

(四)主站、子站数据通道设备的安全加固技术

主站、子站自动对点系统增加了厂站端自动对点管理装置,本项目研究对新增加的对点管理装置,包括数据通道上的网关机,纵向加密装置等设备进行安全加固。具体研究内容如下。

1. 人机安全

设备具备对登录的用户进行身份认证功能,具有登录失败处理能力,多次登录失败后会采取必要的保护措施,防止暴力破解口令。登录用户执行重要操作(如遥控、修改定值等)应再次进行身份认证。

2. 通信安全

设备通信安全具备间隔层通信端口隔离功能,具备关键会话(敏感信息传输等)重放攻击防护功能,具备通信协议健壮性要求。

3. 功能安全

设备具备依据 IP 地址、MAC 地址等属性对连接服务器的客户端进行身份限制功能,具备拒绝异常参数(如非法数据、类型错误数据、超长数据)输入功能,装置在异常参数输入时不出现数据出错、装置死机等现象。设备禁止同一个时间执行多个控制操作节点的验证,具备文件上传权限控制功能,防止非法

用户上传重要数据。装置具备对用户行为等业务操作事件和重要安全事件进行记录的功能，其中日志记录应包括事件的日期和时间、事件类型、事件是否成功及其他相关的信息，且日志记录具备保护功能，避免受到非预期的删除、修改或覆盖等。设备禁止使用易遭受恶意攻击的高危端口作为服务端口，禁止开启与业务无关的服务端口。

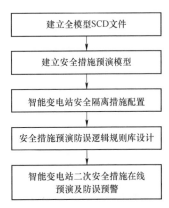

图 8-1　安全措施在线预演及
防误预警实现流程

第八章

二次设备安全作业管控

第一节　现场作业安全措施在线预演及防误预警方法

一、基于保护逻辑规则的作业安全措施预演及动态校核技术

在智能变电站二次设备的运行维护及检修中，保护软压板、设备检修压板以及跳闸出口压板的投退操作是一项重要工作。在开展变电站二次设备检修及故障隔离过程中，曾多次发生因误投、漏投压板以及压板操作顺序不当造成的一次设备跳闸事故。这些事故一方面是由于现场技术人员工作失误；另一方面是因为在智能变电站规程中，与压板操作有关的内容过于笼统，无法对运行维护及检修人员现场操作起到有效指导作用，增加了变电站二次设备检修及故障隔离工作的安全风险。

国家电网公司针对智能变电站已发布了《国调中心关于印发智能变电站继电保护和安全自动装置现场检修安全措施指导意见（试行）的通知（调继〔2015〕92 号）》，除此之外，科研单位也展开了相关研究，实现了智能站的二次系统安全措施操作的可视化。

针对智能变电站检修运维研究现状，基于 SCD 模型文件及变电站运行状态采集的安全措施在线预演及防误预警的方法，能够实现二次设备安全措施在线预演及防误预警。

智能变电站二次设备作业安全措施在线预演及防误预警实现方法流程如图 8-1 所示。

首先建立全模型 SCD 文件，依据 IEC 61850 面向对象的建模思想，建立一次设备模型，一、二次设备关联模型，压板建型，通信模型。其次建立安全措施预演模型，生成用于可视化展示的变电站图形文件。变电站图形文件包括变电站一次系统主接线图、二次设备虚实回路图。将IEDs抽象成一个保护IED（中心IED）与另外一个IED的关联模型。

安全措施配置需要依据每个地区的典型操作票，结合变电站电压等级、接线方式、待检设备类型、一次设备运行情况、检修工作类型等信息配置安全措施，逻辑规则库设计。根据专家知识设计预演逻辑，设计"动作""告警""闭锁"三个指示灯，每种指示灯建立一个逻辑规则库，满足逻辑规则库中的条件则相应的指示灯灯会点亮。为保护动作指示灯、保护告警指示灯和保护闭锁指示灯建立对应的逻辑规则库，满足逻辑规则库的条件则相应指示灯点亮。智能变电站二次安全措施在线预演及防误预警。在线获取初态，依据建立的安全措施预演模型及制订的安全措施，实现二次设备安全措施预演，动态展示安全措施预演过程，安全措施操作结束后根据虚实回路图自动对隔离不完全进行预警。

二、安全措施预演模型建模

与传统变电站相比，智能变电站二次回路的物理结构比较模糊，难以直观地辨别各个信号的回路。对于组网的信号，只能通过设备的软压板操作实现传统变电站中信号硬压板的功能，在物理结构上难以实现"明显的电气开断点"。通过建立安全措施预演模型，可直观地展示继电保护设备的压板、光纤连接等信息。

将IEDs抽象成一个保护IED（中心IED）与另外一个IED的关联模型，建立二次安全措施预演模型。如图8-2所示，模型包含：光纤连接与逻辑链路、IED插件、光口号的关联关系；交换机与光纤连接、逻辑链路、光口号的关联关系；功能压板、SV输入压板、GOOSE输入/输出压板、检修压板、跳合闸出口硬压板与数据集的关联关系。

按照二次措施预演模型图形，将建立的全模型SCD文件中的IEDs实例化成一个保护IED（中心IED）与其他IED的关联模型图，生成二次安全措施预演图，如图8-3所示。

三、智能变电站安全隔离措施配置

解析SCD文件数据信息，实例化二次安全措施预演模型，构建一、二次设备关联及二次设备之间虚实回路关联，结合变电站电压等级、接线方式、待检设备类型、一次设备运行情况、检修工作类型等信息配置安全措施隔离，安全措施配置流程如图8-4所示。

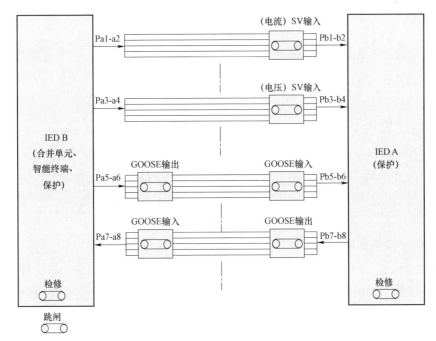

图 8-2　安全措施预演模型

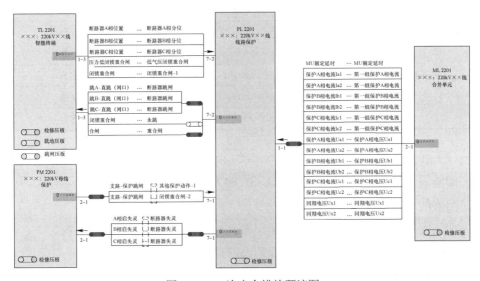

图 8-3　二次安全措施预演图

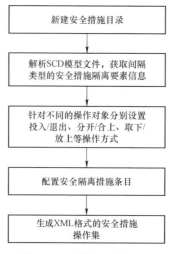

图 8-4   安措配置流程图

具体安全措施配置流程如下。

（1）新建安全措施目录集。解析 SCD 模型文件，基于变电站一次主接线拓扑树形结构获取变电站间隔类型信息。变电站的间隔类型包括：主变间隔、线路间隔、母线间隔、母联/母分间隔、母设间隔。按照不同的电压等级、间隔类型建立安全措施目录集。安全措施目录集信息如表 8-1 所示。

表 8-1   安 全 措 施 目 录 信 息

元素	属性	说明
SINSTASAF_Bay	iID	间隔类型序号
	strName	间隔类型条目
	strBayId	间隔名称
	ubayType	间隔类型
	uVolt	电压等级

（2）解析 SCD 模型文件，获取间隔类型的安措隔离要素信息。具体信息如下。

间隔的保护：SV 输入压板、GOOSE 输入/输出压板、功能压板、检修压板。

间隔的合并单元：检修压板。

间隔的智能终端：检修压板、断路器就地操作、跳合闸出口硬压板。

间隔的光纤链路：间隔设备之间的光纤连接。

间隔的一次设备：开关、隔刀、地刀。

（3）设置操作方式。针对压板、开关和刀闸、硬压板、光纤分别设置投入/退出、分开/合上、取下/放上、拔出/插入操作方式。

（4）配置安全隔离措施条目。选择间隔，通过解析 SCD 模型文件，获取间隔的安全措施要素集。通过选择相对应的操作方式进行安全隔离措施配置，并将安全隔离措施条目与一、二次操作对象的路径进行关联。

（5）生成 XML 格式的安全措施操作集。安全操作措施集元素信息见表 8-2。

表 8-2　　　　　　　　　　XML 格式的安全措施操作表

元素	属性	说明
SINSTASAF-HeadREnWu	iID	操作任务集序号
	straName	操作任务集名称
SINSTASAF-RenWu	iID	操作任务序号
	straName	操作任务名称
SINSTASAF_Item	uErrCheck	程序辨别信息
	iID	安措条目序号
	iType	条目类型
	straName	安措条目名称
	straBay	间隔 ID
	straIed	IED 信息
	strID	具体条目 ID 标识
	straEnaPath	压板路径
	iCheckVal	待校核值
	StrcheckDesc	待校核值描述
	bDLD	待联动信息

四、安全措施防误逻辑规则库设计

依据线路保护、母线保护、主变保护、母联保护、断路器保护等保护动作原理，结合《国调中心关于印发智能变电站继电保护和安全自动装置现场检修安全措施指导意见（试行）的通知（调继〔2015〕92 号文）》，为保护动作指示灯、保护告警指示灯和保护闭锁指示灯建立对应的逻辑规则库，满足逻辑规则库的条件则相应指示灯点亮。各指示灯的逻辑规则如下。

保护动作（差动）="IEDA 支路电流 SV 输入压板退出"∩"IEDA 差动保护功能压板投入"∩"支路一次设备处于运行状态逻辑"∩"投入运行一次支路数判断逻辑"∩"无 IEDAMU、智能终端检修不一致闭锁逻辑"∩"无 IEDAMU、智能终端光纤断链闭锁逻辑"∩"IEDA 支路跳闸 GOOSE 软压板投入"∩"支路智能终端出口硬压板投入"。

保护告警=（"IEDA 输入压板投入"∩"IEDBn 输出压板投入"）∩（"IEDBn 置运行"∩"IEDA 置检修"）∪（"IEDBn 置检修"∩"IEDA 置运行"）∪"IEDA 与 IEDBn 连接光纤断链逻辑"）。

保护闭锁="运行-检修不一致闭锁逻辑"∪"光纤断链闭锁逻辑"∪"电压保护功能闭锁逻辑"∪"电流保护功能闭锁逻辑"∪"失灵、联跳保护功能闭锁逻辑"。

安措预演是指通过获取初始状态或人工设置初始、跳闸、信号、停用状态后，按照从任务集选取操作任务模式或手动逐项添加操作任务模式对检修对象进行预演。从任务集选取操作任务模式是指从配置的正确安措票中导入，然后按照按错内容逐项预演，可通过自动或手动控制时间进行下一项的操作；手动逐项添加操作任务模式是指人为设置检修硬压板、保护功能压板、SV 输入/SV 输出软压板、GOOSE 输入/输出软压板的投退、出口硬压板、光纤插拔、开关分合进行安全措施预演。

能够显著提高智能变电站运行维护的效率，降低智能变电站运行管理的错误风险，从而缩短检修时间，提高供电可靠性。安全隔离措施的可视化技术，使检修人员安全措施预演操作变得简单直观、清晰明了。

第二节　现场作业安全措施在线预演及防误预警系统

一、系统整体架构

智能变电站二次设备安全措施在线预演及防误预警系统的整体架构如图 8-5 所示，主要包括安全措施预演单元和采集单元。

1. 数据采集单元

数据采集单元接入 MMS 网基于 IEC 61850-8 规约实时获取保护装置软硬压板信息、光纤断链信息；接入过程层网络解析 GOOSE 报文获取断路器、隔离刀闸、接地刀闸状态信息，以及 MU、智能终端的运行/检修硬压板信息、光纤断链信息。

2. 安全措施预演单元

安全措施预演单元主要包括 SCD 模型模块、安全措施配置模块、图形可视化模块、人机交互模块、安全措施预演模块，各模块的具体功能阐述如下。

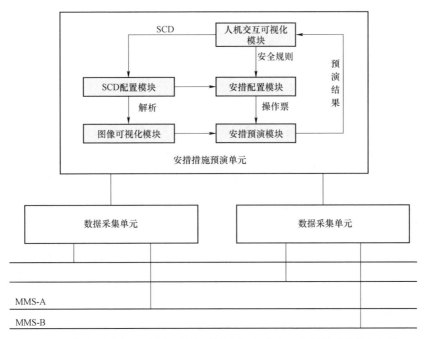

图 8-5 智能变电站二次设备安全措施在线预演及防误预警系统整体架构

（1）SCD 配置模块。SCD 配置模块依据 IEC 61850 面向对象的建模思想，建立全模型 SCD 文件，主要包括一次设备建模、一、二次设备关联建模、压板建模、通信建模。

（2）图形可视化模块。图形可视化模块通过解析 SCD 模型文件，生成智能变电站的图形文件，包括二次设备虚实回路图和一次主接线图。

（3）安全措施配置模块。安全措施配置模块依据 IED 类型、接线方式、保护原理，制订线路保护、变压器保护、母线保护、电抗器保护及其辅助装置（合并单元、智能终端）检修及改扩建操作的安全措施目录集，根据不同的安全措施设置规程与习惯，生成安全措施操作票。

（4）人机交互模块。人机交互模块主要是选取操作任务或手动逐项添加操作任务，控制安全措施预演的进行，并记录二次设备安全措施预演的结果。

（5）安全措施预演模块。安全措施预演模块通过数据采集单元获取变电站初始数据，并在人机交互模块的控制下进行安全措施预演，自动对隔离不完全进行预警，将结果输出至人机交互模块。

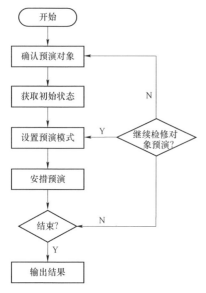

图 8-6　安全措施预演流程

二、结果及分析

基于跨平台开发的智能变电站二次设备安全措施在线预演及防误预警系统,该系统操作的流程如图 8-6 所示。

该系统已成功应用于河北南部电网 220kV 恒庄变,系统满足了设计要求的所有功能,实现了长期稳定运行,能快速有效辅助二次检修安全措施工作,避免误操作,取得了良好的效果。

河北南部电网 220kV 恒庄变的高压侧采用双母线接线,中压侧采用单母线分段接线、低压侧采用单母线分段接线的方式。在母线间隔下,开展一次设备不停电,设备复役时的安全措施验证工作。安全措施任务条目见表 8-3。

表 8-3　　　　　　　　　安 全 措 施 任 务 条 目

序号	安全措施内容
1	投入_PM2201A-220kV 母线保护装置 A 套_支路 5_SV 接收软压板
2	投入_PM2201A-220kV 母线保护装置 A 套_支路 14_SV 接收软压板
3	投入_PM2201A-220kV 母线保护装置 A 套_支路 6_SV 接收软压板
4	投入_PM2201A-220kV 母线保护装置 A 套_支路 7_SV 接收软压板
5	投入_PM2201A-220kV 母线保护装置 A 套_支路 11_SV 接收软压板
6	投入_PM2201A-220kV 母线保护装置 A 套_母联_SV 接收软压板
7	投入_PM2201A-220kV 母线保护装置 A 套_母联_保护跳闸软压板
8	投入_PM2201A-220kV 母线保护装置 A 套_支路 5_保护跳闸软压板
9	投入_PM2201A-220kV 母线保护装置 A 套_支路 6_保护跳闸软压板
10	投入_PM2201A-220kV 母线保护装置 A 套_支路 7_保护跳闸软压板
11	投入_PM2201A-220kV 母线保护装置 A 套_支路 11_保护跳闸软压板
12	投入_PM2201A-220kV 母线保护装置 A 套_支路 14_保护跳闸软压板
13	退出_PM2201A-220kV 母线保护装置 A 套_设备检修

按照智能变电站安全措施配置方法,在母线间隔下建立操作任务集,添加"一

次设备不停电，设备复役"的操作任务，按照表 8−3 的安全操作条目通过选择相对应的操作方式进行安全隔离措施配置，将安全隔离措施条目与一、二次操作对象的路径进行关联，生成实例化的安全操作任务集。

进入母线间隔，按照操作流程对图 8−7 的安全措施任务条目进行预演，预演结果正常。

图 8−7　安全操作任务

将表 8−3 的安全措施任务条目的顺序修改成先退出Ⅰ−Ⅱ段母线 A 套差动保护检修压板，接着操作批量投入各间隔的"GOOSE 发送软压板"和间隔投入压板。再按照操作流程对修改后的安全措施重新进行预演，Ⅰ−Ⅱ段母线母差保护动作。预演结果如图 8−8 所示。

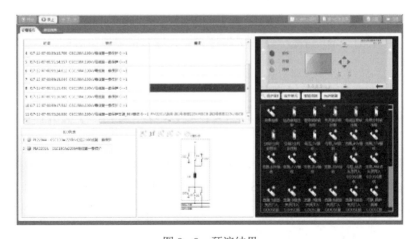

图 8−8　预演结果

因安全措施操作提前将母差差动保护检修压板退出，并投入了"间隔GOOSE发送压板"，使母差保护具备了跳闸出口的条件，在批量投入"间隔投入压板"的过程中，母差保护具备差流达到动作门槛，母差保护动作。经改正，重新进行安全措施预演，安全措施操作正常。

智能变电站二次设备安全措施在线预演及防误预警的方法，开发出了安全措施在线预演及防误预警系统。经实际的工程应用证明，该系统能够将抽象复杂的二次设备通过画面的方式进行模拟演示，有效地监视预演过程中安全隔离措施是否会导致保护设备告警、闭锁、动作，自动对隔离不完全进行防误预警。为智能变电站运维、检修和改扩建工作提供了安全可靠的二次安全措施实施技术保障和应用系统支撑体系。依托智能变电站实际改扩建工程实践，搭建智能变电站改扩建可视化识别及测试诊断系统，实现改扩建工程可视化集成配置、配置文件变更测试及可视化展示，针对改扩建工程接入环节制订各环节的安全隔离措施，完成关联设备单体、整组测试以及对点传动。能够为改扩建设备安全接入及可靠运行提供有力的技术支撑。

继电保护可视化运维与防误预警系统，能够实现变电站的远程可视化、变电站异常与故障的快速定位，大幅提高了运维效率。变电站二次系统状态评价技术，通过对变电站隐性故障的辨识，为状态检修提供策略，提高了变电站安全预警及风险管控能力。智能变电站改扩建二次设备虚拟测试诊断系统，通过虚拟测试技术、无线测试技术及虚拟机对物理设备、虚拟机对虚拟机的测试方法，大大提高了测试效率，减小了改扩建停电范围，缩短了停电时间。220kV新扩一条线路间隔，二次调试时间可从原来的2周缩减至5天，500kV改扩建不完整串扩建为完整串，二次调试时间由3.5周缩短为1周。智能变电站改扩建二次设备虚拟测试系统填补了国内智能变电站工厂化检修与改扩建调试的技术空白，缩短了停电时间，保证了供电的延续性。

第三节　基于专家安措原则及SCD文件的安措票生成

在SCD文件中以需要隔离的装置为中心IED，扫描与之关联的IED装置，将其关联抽象为收、发光纤连接和SV、GOOSE发送/接收等连接关系，并且将保护SV接收压板、GOOSE发送/接收压板、检修硬压板等状态以可视化的方式展示，建立IED安全措施关联模型。按照不同电压等级、不同主接线方式、不同现场作业制订安全措施专家原则库，例如：如检修压板操作与SV输入压板操作原则、光纤断链告警与闭锁保护原则等，为生成安全措施票提供技术依据。基于 SCD 文件，采用人工设置、在线报文等技术手段获取现场初始运行状态，确定安全措施票实施前的初始状态，在 SCD 可视化界面中选择现场作业项目，自动生成安全措施票。

（一）保护装置缺陷处理安全措施（无传动）

（1）保护装置间安全措施设置：退关联保护的 GOOSE 输入压板，如无此软压板，拔本保护至关联保护光纤，如不支持拔光纤，如关联保护为纵联保护，退本保护纵联保护功能压板，且对侧纵联保护跳闸改信号退对侧纵联保护功能软压板，关联保护不是纵联保护则陪停。退本保护对关联保护的 GOOSE 输出压板，如本保护为纵联保护，退本保护纵联保护功能压板，且对侧纵联保护跳闸改信号（退对侧纵联保护功能软压板）。

（2）保护与智能终端间安全措施设置：退本保护对智能终端的 GOOSE 输出软压板，拔保护至智能终端 GOOSE 光纤，如不支持拔光纤，退跳闸出口硬压板。

（3）保护与合并单元间安全措施设置：无须处理。

（4）保护与合智一体装置间安全措施设置：退本保护对合智一体装置 GOOSE 输出软压板，拔保护至合智一体装置 GOOSE 光纤，如不支持拔光纤，退合智一体装置跳闸出口硬压板。

（5）关联保护陪停：退出陪停保护对所有关联 IED GOOSE 输出压板，退出陪停保护所关联的保护 GOOSE 输入压板（不重复）。如陪停保护为纵联保护，还需退出纵联保护功能软压板。如关联 IED 为保护又无 GOOSE 输入且陪停保护无输出压板，如支持拔光纤则拔掉此虚连接光纤，如不支持拔光纤则提示告警"输入输出压板缺失"。如关联 IED 为智能终端或合智一体，如支持拔光纤则拔掉此虚连接光纤，如不支持拔光纤则退关联智能终端或合智一体跳闸出口硬压板。

（6）陪停保护与检修装置间安全措施不重复。

（7）即使支持拔光纤，也是优先考虑退出对侧输入压板作为隔离措施，在退出对侧输入压板不能完全有效隔离的情况下，再考虑拔光纤。

（二）保护装置缺陷处理安全措施（带开关传动）

（1）保护装置间安全措施设置：关联保护陪停。如本保护为纵联保护，退本保护纵联保护功能压板，且对侧纵联保护跳闸改信号（退对侧纵联保护功能软压板）。

（2）保护与智能终端间安全措施设置：无须处理。

（3）保护与合并单元间安全措施设置：无须处理。

（4）保护与合智一体装置间安全措施设置：无须处理。

（5）智能终端与关联保护间安全措施设置：无须处理。

如图 8-9 所示。

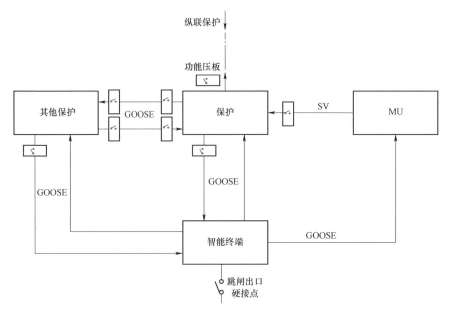

图 8-9　保护装置缺陷处理（带开关传动）

（三）保护装置缺陷处理安全措施（双重化传动至接点）

（1）保护装置间安全措施设置：关联保护陪停。如本保护为纵联保护，退本保护纵联保护功能压板，且对侧纵联保护跳闸改信号（退对侧纵联保护功能软压板）。

（2）保护与智能终端间安全措施设置：退保护对智能终端跳闸出口硬压板。

（3）保护与合并单元间安全措施设置：无须处理。

（4）保护与合智一体装置间安全措施设置：退保护对智能终端跳闸出口硬压板。

（四）智能终端缺陷处理安全措施（不传动）

（1）退跳闸出口硬压板。如果有闭锁重合闸硬接点，须断开。

（2）退合闸出口硬压板。

（3）智能终端置检修。

（五）智能终端缺陷处理安全措施（传动）

（1）退跳闸出口硬压板。如果有闭锁重合闸硬接点，须断开。

（2）退合闸出口硬压板。

（3）智能终端置检修。

（4）关联保护陪停。

如图 8-10 所示。

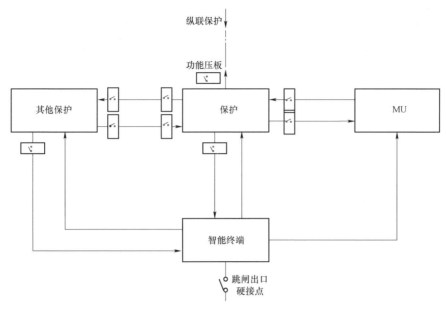

图 8-10　智能终端缺陷处理（传动）

（六）合并单元、合智一体装置缺陷处理（间隔停电）

（1）退出合并单元所连接所有保护的 SV 输入压板。

（2）投入合并单元检修硬压板（注意顺序，一定是先退 SV 输入压板，再投检修压板，通过检修不一致与退 SV 输入压板，实现双重安全措施）。

（3）如是合智一体装置，还要退出跳闸出口硬压板。

（4）如是合智一体装置，且有闭锁重合闸硬接点，还要断开此硬接点。

（5）如是合智一体装置，还要退合闸出口硬压板。

（七）合并单元、合智一体装置缺陷处理（间隔不停电）

与合并单元有关联的保护均需陪停。此外，除自动生成安全措施外，支持安全措施原则半自动生成方式，及手动生成方式。